T0207607

Mathematik Kompakt

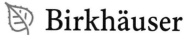

Mathematik Kompakt

Herausgegeben von

Martin Brokate, Garching, Deutschland

Aiso Heinze, Kiel, Deutschland

Mihyun Kang, Graz, Österreich

Moritz Kerz, Regensburg, Deutschland

Otmar Scherzer, Wien, Österreich

Anja Sturm, Göttingen, Deutschland

Die Lehrbuchreihe *Mathematik Kompakt* ist eine Reaktion auf die Umstellung der Diplomstudiengänge in Mathematik zu Bachelor- und Masterabschlüssen.

Inhaltlich werden unter Berücksichtigung der neuen Studienstrukturen die aktuellen Entwicklungen des Faches aufgegriffen und kompakt dargestellt.

Die modular aufgebaute Reihe richtet sich an Dozenten und ihre Studierenden in Bachelor- und Masterstudiengängen und alle, die einen kompakten Einstieg in aktuelle Themenfelder der Mathematik suchen.

Zahlreiche Beispiele und Übungsaufgaben stehen zur Verfügung, um die Anwendung der Inhalte zu veranschaulichen.

- **Kompakt:** relevantes Wissen auf 150 Seiten
- **Lernen leicht gemacht:** Beispiele und Übungsaufgaben veranschaulichen die Anwendung der Inhalte
- **Praktisch für Dozenten:** jeder Band dient als Vorlage für eine 2-stündige Lehrveranstaltung

Götz Kersting

Die Mathematik hinter
Klang und Musik

 Birkhäuser

Götz Kersting
Institut für Mathematik
J.W. Goethe Universität
Frankfurt a. M., Deutschland

ISSN 2504-3846   ISSN 2504-3854   (electronic)
Mathematik Kompakt
ISBN 978-3-031-31639-5   ISBN 978-3-031-31640-1   (eBook)
https://doi.org/10.1007/978-3-031-31640-1

Die Deutsche Nationalbibliothek verzeichnet diese Publikation in der Deutschen Nationalbibliografie; detaillierte bibliografische Daten sind im Internet über http://dnb.d-nb.de abrufbar.

Planung/Lektorat: Dorothy Mazlum
Birkhäuser ist ein Imprint der eingetragenen Gesellschaft Springer Nature Switzerland AG und ist ein Teil von Springer Nature.
Die Anschrift der Gesellschaft ist: Gewerbestrasse 11, 6330 Cham, Switzerland

für Inge, Max und Hans

Vorwort

Die Mathematik und die Musik verbindet, so eine gängige These, eine tiefe Verwandtschaft. Der britische Mathematiker James Joseph Sylvester erkannte in der Mathematik die Musik der Vernunft, und der französische Komponist Claude Debussy schrieb: Die Musik ist die Arithmetik der Töne, ganz wie die Optik die Geometrie des Lichtes ist. Über Analogien hinaus ist jedoch ein gemeinsamer Kern von Mathematik und Musik schwer zu benennen, sodass sich auch Zweifel am Sinn der These einstellen mögen.

Auf einem anderen Blatt steht, dass die Mathematik Einsichten über Tatbestände aus dem Bereich der Musik ermöglichen kann. Dem gehen wir in diesem Buch nach. Das Schwergewicht liegt dabei auf der Mathematik, in stärkerem Maße, als das in verwandten Texten meist geschieht. In dieser Hinsicht ähnelt unser Buch in seiner Anlage vielleicht am meisten der anregenden und aufschlussreichen Monographie *Music: A Mathematical Offering* von Dave Benson. An ein paar Stellen gehen wir etwas genauer auf elementare, anschauliche Sachverhalte der Physik und der Akustik ein, darüber hinausgehende Kenntnisse sind für Leser nicht notwendig. Grundwissen über Musik, wie es die Schule vermittelt oder ein Laienmusiker hat, ist für das Verständnis des Textes sicherlich hilfreich.

Das Buch ist aus einigen 2- und auch 4-stündigen Vorlesungen an der Frankfurter Goethe-Universität hervorgegangen und hält sich im Großen und Ganzen an ihren Stil. Die Idee dieser Vorlesungen war folgendermaßen: Studierende der Mathematik für das höhere Lehramt lernen heutzutage nach den Anfängervorlesungen nicht mehr so viel Fachliches. Diese Vorlesungen dienen aber oft vorrangig der Vorbereitung auf ein höheres Mathematikstudium, dann zeichnen sie für sich allein genommen ein verkürztes Bild der Mathematik. Deswegen entwickeln Studierende des Lehramts bisweilen ein schiefes Verständnis dafür, was den Sinn z. B. der üblichen Vorlesung *Analysis II* ausmacht. Die angesprochenen Vorlesungen über Mathematik und Musik wollten dem entgegenwirken.

Es bieten z. B. Wellen recht elementares, dabei interessantes und lehrreiches Material, um den Stoff aus der Analysis II lebendig zu machen. Hier lernt man, wie man mit dem Satz von d'Alembert eine partielle Differenzialgleichung, die Wellengleichung in Dimension 1 ganz unkompliziert löst. Und die komplexe Exponentialfunktion kann in diesem Kontext ihre großen Vorteile gegenüber den trigonometrischen Funktionen ausspielen. Auch manch physikalische Anwendung ist spannend, z. B. die Behandlung des von Helmholtz entdeckten charakteristischen Schwingens einer gestrichenen Geigensaite.

Wir nehmen also verschiedene Sachverhalte aus der Akustik zum Anlass, um uns mit einigen mathematischen Themen auseinanderzusetzen. Es ist klar, dass man bei solch einem Vorgehen die Mathematik nicht systematisch entwickeln, sondern den Fokus auf ausgewählte mathematische Sätze richten wird. Dafür tritt mathematische Modellierung stärker in den Vordergrund, und der Leser kann, wie der Autor selbst, Interessantes aus der musikalischen Akustik erfahren (wenn auch oft nur schlaglichtartig, ohne breites Einsteigen in die Materie). Dem kommt der theorieaffine Charakter der Akustik entgegen. Der Physiker Philip Morse drückte das in seinem einflussreichen Lehrbuch *Vibration and Sound* von 1936 so aus: "In no other branch of physics are the fundamental measurements so hard to perform, and the theory relatively so simple; and in few other branches are the experimental methods so dependent on a thorough knowledge of theory."

Im Einzelnen kommen die folgenden Themen zur Sprache: In Kap. 1 geht es um Tonleitern und -skalen. Die damit verbundene Mathematik ist großteils einfache Bruchrechnung, und damit schultauglich. Tiefere Einblicke gewähren ganzzahlige, zweidimensionale Gitter (Eulers Tonnetze) und klassische Kettenbrüche. Kap. 2 dreht sich um die schon erwähnte Wellengleichung und den Satz von d'Alembert, samt der Rolle von Randbedingungen. Die Anwendungen betreffen Eigenschaften schwingender Saiten (ein Thema, was wiederholt zur Sprache kommt), akustische Unterschiede unter Blasinstrumenten sowie die Besonderheiten von Kugelwellen. Kap. 3 erklärt, wie die Fouriertheorie das Verständnis von Tönen fördert. Mathematisch behandelt werden die mit den Namen Fejér und Dirichlet verbundenen Konvergenzsätze von Fourierreihen samt Gibbs-Phänomen, sowie die Umkehrformel der Fouriertransformation. Die Anwendungen betreffen Obertöne und Klangspektren, Schwingungen in Musikinstrumenten sowie das Vibrato. Kap. 4 diskutiert die Klangspektren von biegesteifen Saiten und Membranen. Mathematisch geht es um das Lösen von partiellen Differenzialgleichungen mit dem Separationsansatz, physikalisch um stehende Wellen. Ein besonderes Augenmerk gilt den Besselfunktionen (die auch schon im vorigen Kapitel auftraten) und deren oszillierendes asymptotisches Verhalten mittels der Methode der stationären Phase. Kap. 5 schließlich gruppiert sich um den physikalischen Begriff der Impedanz und ist mathematisch weniger kohärent als die vorausgehenden Kapitel. Besondere Erwähnung verdient Rayleighs schöne Formel für die Impedanz von Kolbenmembranen. Auf der Seite der Anwendung geht es um ein qualifizierteres Verständnis des Funktionierens von verschiedenen Musikinstrumenten, aber auch von Lautsprechern und Hörnern. Natürlich ist damit die Thematik des Buches nicht erschöpft. So kommt das Thema „Symmetrien in der Musik" nicht zur Sprache, hierüber kann man sich in den Monographien von Mazzola (1990) und Benson (2006) informieren. Höhere mathematische Techniken, verbunden etwa mit den Stichworten Greensche Funktion und Kirchhoff-Helmholtz Integral, bleiben ebenfalls unberücksichtigt, sie würden den Rahmen sprengen.

Der Text orientiert sich, auch wenn der Interessentenkreis größer sein mag, primär an Studierenden der Mathematik nach den ersten Studiensemestern. Darum werden die Beweise der mathematischen Resultate vollständig durchgeführt, wobei große Allgemeinheit nicht angestrebt ist, damit eine möglichst elementare und kompakte Darstellung erreicht wird. Vorausgesetzt werden die Kenntnisse der Anfängervorlesung – abgesehen davon, dass manchmal kommentarlos die Reihenfolge von Integrationen oder von Differenziation und Integration vertauscht werden. Nur in den beiden letzten Kapiteln geht diese Konzeption an ein paar Stellen nicht mehr auf, da kommt etwa an einer Stelle ein Satz von Hurwitz aus der Funktionentheorie zur Anwendung. Die Inhalte stammen weitgehend aus anderen Quellen. Wie in Lehrbüchern üblich, geben wir die Herkunft nur an einzelnen, besonderen Stellen an, die Literaturliste zeigt die verwendete Literatur auf. Damit der Text in der Lehre eingesetzt werden kann, enthält jedes Kapitel eine Anzahl von Aufgaben, ganz einfache und anspruchsvollere, die die Ausführungen des Textes ergänzen.

Es bleibt, Dank zu sagen, erst einmal an die Hörer der betreffenden Vorlesungen, ohne deren Interesse dieses Buch nicht zustande gekommen wäre. Besonders möchte ich hier Dr. Stephan Gufler, Lea Ebrahimi, Solveig Plomer und Jan Lukas Igelbrink nennen, die mir in verschiedener Hinsicht Hilfestellung leisteten. Mein spezieller Dank gilt dem Geigenbauer und Physiker Martin Schleske für die Einblicke, die er mir in die Funktion und das Wesen von Streichinstrumenten zuteil werden ließ.

Frankfurt am Main   Götz Kersting
März 2023

Inhaltsverzeichnis

1 Tonsysteme 1
  1.1 Einleitung 1
  1.2 Konsonante Tonintervalle und Kommata 3
  1.3 Die reine Stimmung 7
  1.4 Die pythagoreische Stimmung 9
  1.5 Eulers Tonnetz 11
  1.6 Der Weg zur gleichstufigen Stimmung 16
  1.7 Näherungsbrüche 18
  1.8 Aufgaben 24

2 Wellen und Töne 29
  2.1 Einleitung 29
  2.2 Die Wellengleichung in Dimension 1 29
  2.3 Physikalische Modelle der Wellengleichung 33
  2.4 Rand- und Anfangsbedingungen 39
  2.5 Schwingende Saiten 45
  2.6 Planwellen und Kugelwellen 50
  2.7 Anhang: Schwache Lösungen der Wellengleichung 55
  2.8 Aufgaben 58

3 Klangspektren 61
  3.1 Einleitung 61
  3.2 Fourierpolynome und Fourierreihen 63
  3.3 Beispiele 69
  3.4 Anwendung auf Instrumente 73
  3.5 Tremolo und Vibrato 78
  3.6 Die punktweise Konvergenz von Fourierreihen 84
  3.7 Die Fouriertransformation 87
  3.8 Aufgaben 90

4   Schwingungsmoden.   95
   4.1   Einleitung.   95
   4.2   Die Bewegungsgleichung der biegesteifen Saite.   97
   4.3   Eigenschwingungen der biegesteifen Saite   99
   4.4   Das Klavier und seine Stimmung.   104
   4.5   Die zweidimensionale Wellengleichung   105
   4.6   Die kreisförmige Membran   106
   4.7   Die Besselfunktionen.   108
   4.8   Der Klang der kreisförmigen Membran.   114
   4.9   Anhang: Die Pauke   117
   4.10   Aufgaben   118

5   Rund um den Schwingungswiderstand.   123
   5.1   Einleitung.   123
   5.2   Der harmonische Oszillator   126
   5.3   Schwingende Saiten.   131
   5.4   Gekoppelte Saiten   136
   5.5   Die Impedanz einer Kolbenmembran   145
   5.6   Schwingende Luftsäulen in Röhren.   148
   5.7   Hörner   151
   5.8   Aufgaben   158

Literatur.   161

Stichwortverzeichnis.   163

Tonsysteme

1

1.1 Einleitung

Ein Merkmal abendländischer Musik ist die Mehrstimmigkeit, die Verflochtenheit von Melo-
die und Harmonie. An die zugrunde liegenden Tonsysteme erwachsen daraus Anforderun-
gen, die teils gar nicht miteinander vereinbar sind. Die Problemstellungen sind auch mathematischer Natur, wie wir in diesem Kapitel sehen werden.

Den Tonsystemen der westlichen Musik liegt eine Struktur zugrunde, die wir zunächst
skizzenhaft in Erinnerung rufen. Hier wird eine Oktave in 12 Halbtöne unterteilt. Dabei
handelt es sich nicht um Einzeltöne, sondern um Tonintervalle, um Halbtonschritte zwischen
zwei Einzeltönen. Fängt man die Oktave mit einem Einzelton an – gewöhnlich mit dem C
–, so erwächst schrittweise eine Reihe von 12 weiteren Einzeltönen, eine Tonleiter, bis man
oben beim c (dem oktavierten C) angekommen ist.

Diese *chromatische Tonleiter* wird weiter strukturiert. Man hebt unter den Einzeltönen die
7 Stammtöne C, D, E, F, G, A und H hervor. Nach oben ergänzt durch c, das oktavierte C,
gelangt man zur *diatonischen Tonleiter* C, D, E, F, G, A, H, c, genauer zur Durtonleiter.
Sie teilt die Oktave in 5 Ganzton- und 2 Halbtonschritte auf, in der Reihenfolge

$$1, \ 1, \ \tfrac{1}{2}, \ 1, \ 1, \ 1, \ \tfrac{1}{2}. \tag{1.1}$$

In der Notenschrift erhalten die Stammtöne Positionen auf oder zwischen den Notenlinien
(und sind auf dem Klavier als weiße Tasten kenntlich), die restlichen Töne werden mittels
Vorzeichen notiert. (In der Molltonleiter oder den Kirchentonleitern stehen die Halbtöne an
anderer Stelle, wir lassen das beiseite.)

Aus diesem Schema leiten sich dann weitere gängige Tonintervalle XY ab, bestehend aus
Paaren X, Y von Tönen der diatonischen Tonleiter. Sind X und Y benachbart, wie C, D oder
E, F, so ergibt sich eine Sekunde. Befindet sich zwischen X und Y genau ein Stammton, wie
zwischen C und E das D, so bilden sie eine Terz. Es folgen Quarten, die zwei Stammtöne

© Der/die Autor(en), exklusiv lizenziert an Springer Nature Switzerland AG 2023
G. Kersting, *Die Mathematik hinter Klang und Musik*, Mathematik Kompakt,
https://doi.org/10.1007/978-3-031-31640-1_1

einschließen, Quinten, usw. Hier ist zu beachten, dass benachbarte Stammtöne nicht alle
gleichweit voneinander liegen, deswegen kann eine Sekunde ein Halb- oder ein Ganzton
sein, wie die Beispiele EF und FG zeigen. Man hat also kleine und große Sekunden. Ähnlich
gibt es kleine und große Terzen, wie DF und FA, die sich aus 3 Halb- bzw. 2 Ganztönen
zusammensetzen. Die Quarten haben 5 Halbtöne, mit Ausnahme des Intervalls FH mit 6
Halbtönen. Diesen Sonderfall sortiert man aus, wie wir gleich noch genauer erläutern. Die
Quinten zerfallen in 7 Halbtöne, und bei den Sexten und Septimen unterscheidet man wieder
zwischen klein und groß.

Intervall	Prime	kl. Sekunde	gr. Sekunde	kl. Terz
Beispiel	CC	Hc	DE	EG
Halbtöne	0	1	2	3
	gr. Terz	Quarte	Quinte	kl. Sexte
	FA	CF	EH	Ec
	4	5	7	8
	gr. Sexte	kl. Septime	gr. Septime	Oktave
	CA	Dc	CH	Cc
	9	10	11	12

Die Tabelle gibt einen Überblick. In ihr fehlt das Intervall aus 3 Ganztönen. Es kann als
Quarte FH begriffen werden, oder auch als Quinte Hf, wobei f das oktavierte F bezeichnet.
Das Intervall lässt sich also nicht eindeutig zuordnen. Man spricht von einer übermäßigen
Quarte oder verminderten Quinte und nennt es den *Tritonus*.

Alle angesprochenen Intervalle besitzen ein *Komplementärintervall*. Es ist dadurch
bestimmt, dass ihre beiden Halbtonzahlen in der Summe 12 ergeben, sich beide Intervalle
zu einer Oktave ergänzen. Wenn also x der oktavierte Ton von X ist, so sind die Intervalle
XY und Yx komplementär.

Zwei Töne im Abstand einer Oktave sind im Klang sehr ähnlich, und es ist bisweilen
günstig, zwei Einzeltöne X, Y nicht mehr zu unterscheiden, wenn das Intervall XY eine
Oktave ist oder aus mehreren Oktaven besteht. Es bleiben dann 12 Klassen von Einzeltönen,
und es liegt nahe, sie mit dem Raum $\mathbb{Z}_{12}$ der Restklassen modulo 12 zu identifizieren. Den
Stammtönen entsprechen nun die Restklassen 0, 2, 4, 5, 7, 9, 11. Man kann $\mathbb{Z}_{12}$ durchlaufen,
wie ein Pianist die chromatische Tonleiter spielt: Man addiert zu den Restklassen schrittweise
1 modulo 12, wendet also den Shift $a \mapsto a + 1$ mod 12, $a \in \mathbb{Z}_{12}$, an. Interessanter ist der
Shift $a \mapsto a + 7$ mod 12, dann fügen wir Quinten modulo Oktaven aneinander. Erneut
durchläuft man alle Restklassen, bevor man wieder von vorne anfängt. Beginnt man bei der
Restklasse 5, so ergibt sich die Reihe 5, 0, 7, 2, 9, 4, 11, 6, 1, 8, 3, 10. Bemerkenswerterweise
erreicht man bei diesem Startpunkt zuerst alle Stammtöne und erst danach die restlichen
Einzeltöne.

Die Musiker kennen diese Reihung als Quintenzirkel. Nach diesem Prinzip baut man
schon seit den alten Griechen bevorzugt die Tonleiter auf anstatt durch Aneinanderreihen

von Halbtönen. Der Grund ist, dass die Quinte (neben der Oktave) das wichtigste konsonante Tonintervall ist. Diesem Thema gehen wir im folgenden Abschnitt nach.

In der Musik gibt es nicht nur Tonleitern aus 12 Einzeltönen. Speziell werden wir auch Tonleitern aus 53 Tönen betrachten. Es stellt sich hier die Frage, wie sich das Auftreten solcher Zahlen verständlich machen lässt. Wie wir sehen werden, gibt es darauf verschiedene Antworten.

1.2   Konsonante Tonintervalle und Kommata

Auf den ersten Blick mag dem obigen Schema (1.1) etwas Willkürliches anhaften. Warum betrachtet man keine Tonleitern etwa aus 6 Ganztönen? Eine Erklärung ist, dass in das Schema der Stammtöne einige konsonante (harmonische, wohlklingende) Tonintervalle passen, während der dissonante (raue) Tritonus beiseite bleibt. Dabei ist die Empfindung von Konsonanz zunächst einmal etwas ganz Subjektives, und die Meinungen, ob ein Tonintervall konsonant ist, haben sich im Laufe der Zeit durchaus verändert. Heutzutage gelten Oktaven, reine Quinten und Terzen sowie die zugehörigen Komplementärintervalle, Quarten und Sexten als konsonant, für die alten Griechen waren das nur die Oktaven, Quinten und Quarten. (Als Begründung für die Konsonanz von Einzeltönen wird meist die große Übereinstimmung in ihren Obertönen angeführt, wir kommen darauf in Kap. 3 zu sprechen.)

Die Physik hilft, hier für etwas Ordnung zu sorgen. Aus diesem Blickwinkel handelt es sich bei Tönen um periodisch verlaufende Schwingungen des Luftdrucks, die im Ohr das Trommelfell zum Vibrieren bringen und dann im Innenohr wirksam werden. Die *Frequenz* des Tones ist gegeben als

$$f := \frac{1}{T},$$

wobei T die *Periodendauer* bezeichnet. Wird die Zeit in Sekunden gemessen, so heißt die zugehörige Einheit der Frequenz *Hertz,* man schreibt

$$\text{Hz} = \text{sec}^{-1}.$$

Wird also der Kammerton a auf 440 Hz festgelegt, so hat er 440 Schwingungen pro Sekunde. Je größer die Frequenz ist, um so höher klingt der Ton.

Wir können nun den Begriff des Tonintervalls XY genauer fassen. Die wichtige Erkenntnis ist, dass das Intervall allein durch das *Frequenzverhältnis* (abgekürzt FV)

$$f_X : f_Y$$

bestimmt ist. Auf die Frequenzen f_X und f_Y der Einzeltöne X und Y, auf ihre Tonhöhen kommt es nicht an, zwei Intervalle XY und $X'Y'$ werden also bei gleichem FV identifiziert. Dieses schreibt man dann möglichst übersichtlich in gekürzter Form.

Jedes konsonante Intervall XY hat zusammen mit seinem Komplementärinterval Yx (mit x, dem oktavierten Ton von X) ein rationales FV von besonders einfacher Gestalt. In geeigneter Reihenfolge der beiden Intervalle stehen die Töne X, Y und x im FV

$$f_X : f_Y : f_x = n : (n+1) : 2n \qquad (1.2)$$

zueinander, mit einer natürlichen Zahl $n \geq 1$. Im Einzelnen geht es um folgende Intervalle.

Zur Oktave und der komplementären Prime gehört das FV

$$1 : 2 : 2.$$

Die beiden Töne der Oktave mit dem FV $1 : 2$ verschmelzen beim Hören und werden als weitgehend identisch empfunden. Die Prime hat das FV $2 : 2 = 1 : 1$.

Die Quinte besitzt zusammen mit der komplementären Quarte das FV

$$2 : 3 : 4,$$

die große Terz mit der kleine Sexte das FV

$$4 : 5 : 8$$

und die kleine Terz mit der großen Sexte das FV

$$5 : 6 : 10.$$

Auch die kleine und große Sekunde, obschon dissonant, lassen sich zusammen mit ihren Komplementärintervallen in das Schema (1.2) einfügen, wie man der folgenden Tabelle entnimmt.

Frequenzverhältnisse setzen sich multiplikativ zusammen. Jedoch ist es häufig übersichtlicher, die Größe eines Intervalls XY in einer additiven Skala auszudrücken. Bei einem FV $f_X : f_Y$ wählt man für die Intervallgröße den Ausdruck

$$i_{XY} = 1200 \cdot \log_2 \frac{f_Y}{f_X},$$

die Einheit heißt *Cent*. Dem liegt der Ansatz zugrunde, eine Oktave in 12 gleichgroße Halbtöne von jeweils 100 Cent zu zerlegen. Solche Halbtöne haben ein irrationales FV, sie sind keine Bausteine für die bisher betrachteten Intervalle, sondern für eine gleichstufige Tonleiter, auf die wir später zu sprechen kommen.

Die Tabelle enthält die angesprochenen Intervalle, ergänzt um die große Sekunde (= Quinte - Quarte) und die kleine Sekunde (= kleine Terz - große Sekunde).

Intervall	Prime	kl. Sek.	gr. Sek.	kl. Terz	gr.Terz	Quarte
FV	1:1	15:16	8:9	5:6	4:5	3:4
Cent	0	112	204	316	386	498
	Quinte	kl. Sexte	gr. Sexte	kl. Sept.	gr. Sept.	Oktave
	2:3	5:8	3:5	9:16	8:15	1:2
	702	814	884	996	1088	1200

Kommata Wir haben nun zwei Konzepte für Tonintervalle, die sich nicht völlig decken. Im „populären", das auf dem Schema (1.1) beruht und in dem Intervalle aus Halb- und Ganztönen aufgebaut werden, lassen sich Intervalle mühelos zu neuen Intervallen aneinanderfügen. In dem mit Frequenzverhältnissen arbeiteten „reinen" Konzept funktioniert das nicht mehr umstandslos.

Schon mit zwei Quinten tauchen Probleme auf. Beide bestehen aus 7 Halbtönen, die zusammengesetzt wegen $7 + 7 = 12 + 2$ zu einer Oktave plus einer großen Sekunde, der *None* führen. Die FVs

$$4 : 6 : 9 \quad \text{und} \quad 4 : 8 : 9$$

beider Kombinationen passen zueinander und ergeben für die None das FV $4 : 9$. Jedoch entsteht eine Problem, wenn man gemäß $14 = 9 + 5$ versucht, eine None aus einer großen Sexte und einer Quarte zu bilden. Dies führt zum FV

$$9 : 15 : 20.$$

Angesichts $4 : 9 = 36 : 81$ und $9 : 20 = 36 : 80$ entsteht ein leicht verkürztes Tonintervall, mit einem kleinen Restintervall vom FV $80 : 81$. Man kann diese Diskrepanz eindrücklich auf der Geige demonstrieren, deren Saiten in reinen Quinten gestimmt wird.

Dieses Resultat reproduziert sich, wenn man gemäß $1 + 1 = 2$ versucht, eine große Terz aus zwei Ganztönen mit FV $8 : 9$ (großen Sekunden) zu bilden. Das geht nahezu, aber nicht ganz auf:

$$\left(\frac{9}{8}\right)^2 = \frac{81}{64} > \frac{80}{64} = \frac{5}{4}.$$

Um zwei Sekunden zu erreichen, muss die Terz ergänzt werden, wieder um ein Intervall mit FV $80 : 81$.

Etwas anders verhält es sich mit der Oktave. Nach landläufiger Meinung besteht sie aus sechs Ganztönen ($6 \cdot 2 = 12$), jedoch gilt

$$\left(\frac{9}{8}\right)^6 = \frac{3^{12}}{2^{18}} = \frac{531.441}{262.144} \simeq 2{,}027.$$

Die 6 Ganztöne übertreffen die Oktave ein wenig, und es entsteht ein Restintervall mit dem FV $2 : 3^{12} 2^{-18} = 2^{19} : 3^{12}$. Hier treten auch Unschärfen in der Bestimmung des *Tritonus* zum Vorschein. Er ist definiert als Intervall aus 3 Ganztönen und wird gleichzeitig als Halboktave verstanden. Unsere Überlegung zeigt, dass sich die beiden Auffassungen nicht gänzlich entsprechen.

Schließlich schauen wir noch auf die Gleichung $12 \cdot 7 = 7 \cdot 12$: Ein Intervall aus 12 Quinten mit dem FV $2^{12} : 3^{12}$ und ein Intervall aus 7 Oktaven mit dem FV $1 : 2^7$ stimmen fast überein, jedoch ist das erste Intervall etwas größer. Wieder hat das Restintervall das FV $2^{19} : 3^{12}$. Diesen Sachverhalt merken wir uns, er wird bald eine wichtige Rolle spielen.

Ein Tonintervall unterhalb eines Halbtons, das aus solchen Diskrepanzen erwächst, nennt man ein *Komma*. Das Tonintervall mit dem FV $80 : 81$ heißt *syntonisches Komma* (Terzkomma). Seine Größe ist 21,5 Cent, weniger als ein Viertel eines Halbtons. Das Tonintervall mit dem FV $2^{19} : 3^{12}$ heißt *pythagoreisches Komma* (Quintkomma). Es ist mit 23,5 Cent etwas größer. Auch auf die Differenz beider Kommata mit dem FV $32768 : 32805$ und 1,95 Cent werden wir noch zu sprechen kommen. Es trägt den Namen *Schisma*.

Konsonante Akkorde Nun betrachten wir Dreiklänge XYZ innerhalb einer Oktave, mit Frequenzen $f_X < f_Y < f_Z < 2f_X$. Der Dreiklang heißt konsonant, falls sein FV $f_X : f_Y : f_Z$ sich ganzzahlig $a : b : c$ schreiben lässt, mit konsonanten FVs $a : b, a : c$ und $b : c$. Dies führt via Komplementärintervalle sofort zu weiteren konsonanten Dreiklängen mit den FVs $b : c : 2a$ und $c : 2a : 2b$. Hier wird also jeweils der untere Ton oktaviert und im Akkord nach oben geschoben. In der Musik spricht man von *Umkehrungen* des Akkords. So hat man die Reihe konsonanter Dreiklänge

$$3 : 4 : 5, \quad 4 : 5 : 6, \quad 5 : 6 : 8.$$

Es handelt sich um den Durakkord (in der Mitte) und seine Umkehrungen. In Stammtönen ausgedrückt sind das die Akkorde CFA, FAc und Acf. Eine zweite Reihe lautet

$$10 : 12 : 15, \quad 12 : 15 : 20, \quad 15 : 20 : 24.$$

Sie enthält den Mollakkord und seine Umkehrungen, in Stammtönen realisiert als DFA, FAd und Adf. Es ist nicht schwer zu zeigen, dass damit alle Möglichkeiten für konsonante Akkorde erschöpft sind.

Wenn man nun einen Schritt weitergeht und aus mehreren Tönen eine Tonleiter aufbaut, so wäre es ideal, wenn von den Intervallen, die sich dabei ergeben, viele konsonant wären. Zwei Skalen, die reine und die pythagoreische Stimmung, orientieren sich in unterschiedlicher Weise an diesem Ideal. Die Umsetzung gelingt beiden aber, wie wir sehen werden, nur eingeschränkt. Deswegen geht es beim Entwerfen von Skalen um brauchbare Kompromisse. Man *temperiert* einzelne Intervalle, verstimmt sie also leicht, wobei irrationale FVs entstehen werden. Hier kommen dann Unterschiede zwischen den Musikinstrumenten zum Tragen: Streichinstrumente können rein intonieren, was sich auf Tasteninstrumenten nicht durchgängig realisieren lässt.

Abb. 1.1 Kadenz

1.3   Die reine Stimmung

Die Tonleiter in reiner Stimmung, die in der Renaissance um das Jahr 1300 aufkam, baut auf dem Ideal konsonanter Tonintervalle auf. Unser Ausgangspunkt zu ihrer Konstruktion ist die Kadenz aus Abb. 1.1, die Folge der Akkorde Tonika, Subdominante, Dominante, Tonika.

In reiner Stimmung werden sie alle als konsonante Dreiklänge gewählt. Ausgehend vom C legt die Tonika die Töne E und G fest (FV 4:5:6), und die Subdominante die Töne F und A (FV 3:4:5). Die Dominante schließlich bestimmt dann ausgehend vom G die Töne D und H (FV 3:4:5). Dies führt zu der in der Tabelle ersichtlichen diatonischen Tonleiter.

Ton X	C	D	E	F	G	A	H	c
FV $f_C : f_X$	1:1	8:9	4:5	3:4	2:3	3:5	8:15	1:2
Cent	0	204	386	498	702	884	1088	1200

Dies ist erst einmal eine ansprechende Konstruktion, für die vom Grundton C ausgehende Terz, Quarte, Quinte und Sexte realisiert sie Konsonanz. Auf den zweiten Blick werden Auffälligkeiten sichtbar. Es gibt 5 Ganz- und 2 Halbtöne, nun sind aber große und kleine Ganztöne entstanden. Die Intervalle CD, FG, AH besitzen das FV 8:9, dagegen DE und GA das FV 9:10. Die Halbtöne EF und Hc haben beide das FV 15:16 (kleine Sekunde). Eine Fortschreibung hin zu einer chromatischen Tonleiter liegt nicht auf der Hand.

Schwerer wiegt, dass an anderer, signifikanter Stelle Intervalle ihre Konsonanz verlieren. Insbesondere hat man von D nach A eine misstönende Quinte. Bei ihr nimmt das FV den Wert $(3 : 5)/(8 : 9) = 27 : 40$ an. Im Vergleich zum FV $2 : 3$ der reinen Quinte ist sie zu klein, es fehlt ein syntonisches Komma:

$$\frac{40}{27} \cdot \frac{81}{80} = \frac{3}{2}.$$

Die reine Stimmung wird deswegen jenseits der Grundtonart schnell unbrauchbar, gerade auch für Tasteninstrumente und andere Instrumente, die beim Spiel keine Möglichkeiten bieten, die Intonation zu korrigieren. Wie das folgende Beispiel zeigt, entstehen selbst dort Probleme, wo man sich der reinen Stimmung natürlicherweise bedient.

Abb. 1.2 Die Kommafalle

Beispiel
Die „Kommafalle": Wir betrachten die erweiterte Kadenz aus Abb. 1.2.
Ein Chor singt die beiden ersten Akkorde (Tonika, Subdominante) in reiner Stimmung sauber. Im
dritten Akkord wird er das F und das A unverändert beibehalten. Um sauber zu bleiben, muss er das
d (das oktavierte D) als Quarte an das A anpassen, mit FV 9 : 20 zum C, denn

$$\frac{5}{3} \cdot \frac{4}{3} = \frac{20}{9}.$$

Dieses FV unterscheidet sich von 4 : 9, dem FV der None Cd in reiner Stimmung, es ist um ein
syntonisches Komma zu tief.
Wenn der Chor nun im vierten Akkord das d auf gleicher Höhe beibehält und damit in die Dominante
aufnimmt, kommt es zu einem Absacken in der Intonation. Idealerweise müsste er im Schritt zum
vierten Akkord das d um ein syntonisches Komma anheben und darunter sauber die Töne G und H
setzen – kein leichtes Unterfangen.

Eine einprägsame Vorstellung von der Struktur der reinen Stimmung, qualitativ wie quanti-
tativ, vermittelt eine überraschend präzise Näherung. Dazu zerlegen wir die Oktave in eine
Tonleiter aus 53 Kommata gleicher Größe, jedes Komma mit dem FV $1 : \sqrt[53]{2} \simeq 1 : 1,0132$
und $1200/53 = 22,6$ Cent. Man spricht von *Holders Komma* (William Holder, 1616 – 1698).
Den großen und kleinen Ganztönen in der reinen Stimmung geben wir 9 bzw. 8 Kommata,
und den Halbtönen 5 Kommata. In Anlehnung an die reine Stimmung resultiert dies in einer
diatonischen Tonleiter mit den Kommaabständen

$$9, \ 8, \ 5, \ 9, \ 8, \ 9, \ 5.$$

Dies passt nur eingeschränkt zu dem Schema (1.1) von Ganz- und Halbtönen. Ein Intervall
aus zwei Ganztönen CD umfasst $2 \cdot 9 = 18$ Kommata, und die Terz CE enthält $9 + 8 = 17$
Kommata. Die Differenz ist 1 Komma, daher tritt hier Holders Komma an die Stelle des
syntonischen Kommas. Diese Stimmung unterscheidet sich nur minimal von der reinen
Stimmung, wie man der Tabelle entnimmt. Die letzte Zeile enthält die Abweichungen Δ in
Cent.

Ton	C	D	E	F	G	A	H
FV	$1 : 1$	$1 : 2^{\frac{9}{53}}$	$1 : 2^{\frac{17}{53}}$	$1 : 2^{\frac{22}{53}}$	$1 : 2^{\frac{31}{53}}$	$1 : 2^{\frac{39}{53}}$	$1 : 2^{\frac{48}{53}}$
Δ (Cent)	0	$-0{,}14$	$-1{,}41$	$0{,}07$	$-0{,}07$	$-1{,}34$	$-1{,}48$

Die reine Stimmung nennt man auch *Eulerstimmung*. Leonard Euler war einer ihrer Verfechter, wir gehen auf seine diesbezüglichen Ideen noch ein.

1.4   Die pythagoreische Stimmung

Die pythagoreische Skala ist historisch die erste. Sie stellt neben der Oktave die reine Quinte in den Mittelpunkt und lässt die Terz außer Acht, die die alten Griechen noch gar nicht im Blick hatten. Deswegen enthält sie schon in der Grundtonart unsaubere Terzen. Dessen ungeachtet spielt sie auch in der heutigen Musikpraxis eine Rolle. In der Ausbildung von Streichern wird sie als Tonleiter gelehrt, die man zwar bei Akkorden meiden muss, in der Melodien aber besonders ausdrucksstark zur Geltung kommen. Für musiktheoretische Überlegungen bleibt die pythagoreische Stimmung grundlegend.

Wir haben oben die chromatische Tonleiter aus 12 Einzeltönen durch den Raum $\mathbb{Z}_{12}$ der Restklassen modulo 12 dargestellt. Dabei haben wir festgestellt, dass wir den $\mathbb{Z}_{12}$ vollständig durchlaufen, wenn wir von jeder Restklasse a zu $a+7 \bmod 12$ übergehen. In Töne übersetzt bedeutet dies, dass man modulo Oktaven alle 12 Töne erreicht, wenn man ausgehend von einem Startton in 12 Quinten aufwärts schreitet. Die Quinten überdecken insgesamt $12 \cdot 7$ Töne, also 7 Oktaven.

In dieses Schema fügt nun die pythagoreische Stimmung Oktaven und reine Quinten ein. Dies geht nicht vollständig auf, aber nahezu. Das FV von 7 Oktaven ist $1 : 2^7$, dasjenige von 12 Quinten mit $2^{12} : 3^{12}$ etwas größer. Wie wir schon gesehen haben, bleibt ein Restintervall vom FV $2^{19} : 3^{12}$, ein pythagoreisches Komma. Die pythagoreische Stimmung nimmt also eine einzelne unreine Quinte in Kauf. Diese „Wolfsquinte" mit FV $2^{18} : 3^{11}$ und 678 Cent kann man beliebig platzieren, an eine Stelle, wo sie nicht so sehr ins Gewicht fällt, etwa vom *Gis* zum *Es*.

Insbesondere werden – anders als bei der reinen Stimmung – alle Quinten zwischen Stammtönen rein. Daraus ergibt sich die in der Tabelle dargestellten diatonischen Tonleiter. Man erhält sie, indem man ausgehend vom *F* in aufsteigenden Quinten oder absteigenden Quarten (= aufsteigenden Quinten − Oktave) der Reihe nach zu den Tönen C, G, D, A, E, H fortschreitet. Die Abstände zwischen benachbarten Tönen betragen entweder 204 Cent oder 90 Cent. Alle Quarten und Quinten sind (bis auf das Wolfsintervall) rein, die Terzen und Sexten sind um ein syntonisches Komma versetzt. Der pythagoreische Tritonus $F H$ hat das FV $512 : 729$ und 612 Cent. Um eine chromatische Tonleiter zu bekommen, startet man die Konstruktion beim *Es* und gelangt nach 11 Quintschritten beim *Gis*.

Ton	C	D	E	F	G	A	H	c
FV	1:1	8:9	64:81	3:4	2:3	16:27	128:243	1:2
Cent	0	204	408	498	702	906	1110	1200

Beispiel

Im Streichquartett sind alle Instrumente – Geigen, Bratsche, Cello – in Quinten gestimmt, die Töne sind quer durch die Instrumente C, G, D, A, E. Bei reinen Quinten ist die (mehrfach oktavierte) Terz vom tiefen C von Bratsche und Cello zum hohen E der Geigen dann leicht verfälscht, sie weicht vom FV 4 : 5 um ein syntonisches Komma ab. Zusammen klingt das unsauber, deswegen stimmen manche Streichquartette die Quinten „eng" (siehe auch im Folgenden die mitteltönige Stimmung).

Die Struktur der pythagoreischen diatonischen Tonleiter ist viel klarer als diejenige der reinen Stimmung. Nun sind alle fünf Ganztöne gleichgroß mit FV 8 : 9, die beiden Halbtöne haben das FV 243 : 256 (diese Intervall heißt *Limma*). Sehr übersichtlich gestaltet sich der Vergleich mit der reinen Stimmung in einer verblüffend genauen Näherung, die schon die alten Griechen kannten[1]. Wie zuvor bei der reinen Stimmung teilen wir die Oktave in 53 gleichgroße Kommata auf. Jetzt sehen wir für einen Ganzton 9 Kommata vor, und für einen Halbton 4 Kommata, also $5 \cdot 9 + 2 \cdot 4 = 53$ Kommata pro Oktave. Die Kommaabstände zwischen den Tönen sind nun

$$9, \ 9, \ 4, \ 9, \ 9, \ 9, \ 4,$$

nahe an dem Muster (1.1) und regelmäßiger als bei der reinen Stimmung. Die Quinten bestehen alle aus 31 Kommata. Es setzen sich 12 Quinten aus $12 \cdot 31 = 372$ Kommata zusammen, und 7 Oktaven aus $7 \cdot 53 = 371$ Kommata. Hier vertritt Holders Komma also das pythagoreische Komma.

Es ergibt sich die folgende diatonische Skala. In der letzten Zeile der Tabelle sind die Abweichungen Δ' zur pythagoreischen Skala aufgeführt. Die Unterschiede zur pythagore-ischen Skala fallen noch geringer aus als oben bei der Näherung der reinen Stimmung, das Ohr kann sie nicht wahrnehmen.

Ton	C	D	E	F	G	A	H
FV	$1:1$	$1:2^{\frac{9}{53}}$	$1:2^{\frac{18}{53}}$	$1:2^{\frac{22}{53}}$	$1:2^{\frac{31}{53}}$	$1:2^{\frac{40}{53}}$	$1:2^{\frac{49}{53}}$
Δ' (Cent)	0	$-0{,}14$	$-0{,}27$	$0{,}07$	$-0{,}07$	$-0{,}20$	$-0{,}34$

Auch wenn derlei Erwägungen bei den Griechen wohl gänzlich theoretischer Natur waren, so fanden sie später doch in der Musikpraxis ihren Niederschlag: Eine Tonleiter der türkischen Musik (ein Makam) entsteht aus 53 Teilintervallen. Dort ergeben 9 Kommata einen Ganzton, es gibt Halbtöne aus 4 oder 5 Kommata und auch verminderte Ganztöne aus 8 Kommata.

---

[1] siehe J. M. Barbour, Tuning and Temperament: A Historical Survey, 1951, p. 123.

1.5   Eulers Tonnetz

In diesem Abschnitt konstruieren wir Tonleitern aus Quinten und Terzen. Die pythagoreische Skala erweist sich als einfacher Spezialfall, und auch eine Tonleiter der Länge 53 stellt sich in natürlicher Weise ein.

Blicken wir noch einmal zurück auf die pythagoreische Tonleiter. Hier entstehen Einzeltöne aus einem Anfangston durch wiederholtes Anfügen von Oktaven und Quinten nach oben und nach unten im Raum der Töne. Die neuen Töne bilden Intervalle, deren Frequenzverhältnisse sich multiplikativ aus 1:2, 2:3, 3:2 und 2:1 zusammensetzen und zum Ausgangston und untereinander in Frequenzverhältnissen von der Form

$$2^u : 3^v , \quad u, v \in \mathbb{Z},$$

stehen. Die Töne sind alle verschieden (Übung), um also zu einem endlichen Tonsystem zu gelangen, muss man Töne identifizieren. Im pythagoreischen System geschieht dies für zwei Töne X, Y, wenn in ihrem FV $2^u : 3^v$ der Exponent u beliebig und v ein Vielfaches von 12 ist. Dies bedeutet, dass sowohl Oktaven als auch 12 aneinandergereihte Quinten in Primen übergehen. Insbesondere fallen zwei Töne zusammen, die voneinander um ein pythagoreisches Komma abweichen.

In diese Überlegung nehmen wir nun – den Ideen von Leonard Euler folgend – auch Terzen auf. Ausgehend von einem Startton, nennen wir ihn wieder C, wandern wir durch den Raum der Töne in Oktav-, Quint- und Terzsprüngen. Nun haben zwei Töne X und Y untereinander ein Frequenzverhältnis, das wir in der Gestalt

$$f_X : f_Y = 2^u : 3^v 5^w, \quad u, v, w \in \mathbb{Z} \tag{1.3}$$

schreiben. Der Ausdruck besagt, dass man vom Ton X zum Ton Y in v Quinten und w großen Terzen schreitet, unter Einbeziehung von $u - v - 2w$ Oktavsprüngen. Die Vorzeichen von v, w sowie $u - v - 2w$ geben an, ob diese Schritte nach oben oder nach unten gehen. Wieder sind alle Töne voneinander verschieden. Das Quotient f_Y / f_X darf auch kleiner als 1 sein, was bedeutet, dass der Ton X tiefer als Y ist.

Wenn ein Ton X zum Ausgangston C das FV (1.3) besitzt, so weisen wir ihm das Paar ganzer Zahlen

$$\tau_X := (v, w)$$

zu. Damit findet schon eine erste Identifikation von Tönen modulo Oktaven statt. Jedes Element des $\mathbb{Z}^2$ entspricht einer Klasse von Tönen, die sich alle nur um Oktaven unterscheiden. Die Größenbeziehung zwischen Tönen geht dabei verloren. Intervalle im Tonraum lassen sich als Shifts $(v, w) \mapsto (v, w) + (i, j)$ in $\mathbb{Z}^2$ (also als Vektoren) verstehen, mit ganzen Zahlen i, j. Die Tabelle enthält wichtige Intervalle. Der Raum $\mathbb{Z}^2$ heißt in diesem Kontext *Eulers Tonnetz.*

Zu einem endlichen Tonsystem kommen wir durch weitere Identifikation von Tönen. Eulers Tonnetz bietet dafür verschiedene Möglichkeiten. Man braucht zwei linear unabhängige Elemente $\beta_1 = (i_1, j_1)$, $\beta_2 = (i_2, j_2)$ des $\mathbb{Z}^2$ und identifiziert dann zwei Töne X und Y, wenn es ganze Zahlen z_1, z_2 gibt, sodass

$$\tau_X = \tau_Y + z_1\beta_1 + z_2\beta_2$$

Intervall	Shift
Prime, Oktave	$(v, w) \mapsto (v, w)$
Quinte	$(v, w) \mapsto (v + 1, w)$
Quarte	$(v, w) \mapsto (v - 1, w)$
Große Terz	$(v, w) \mapsto (v, w + 1)$
Kleine Terz	$(v, w) \mapsto (v + 1, w - 1)$

gilt. Die Töne, die mit dem Anfangston C zusammenfallen, sind durch die Menge

$$\mathbb{G} := \{z_1\beta_1 + z_2\beta_2 : z_1, z_2 \in \mathbb{Z}\}$$

repräsentiert. Man spricht von einem *Gitter* in $\mathbb{Z}^2$, es erfüllt die Eigenschaft

$$\gamma_1, \gamma_2 \in \mathbb{G} \quad \Rightarrow \quad \gamma_1 + \gamma_2 \in \mathbb{G}, \ -\gamma_1 \in \mathbb{G}.$$

Das Paar β_1, β_2 nennt man eine *Gitterbasis* von $\mathbb{G}$, sie ist nicht eindeutig. Die Töne X und Y fallen (modulo Oktaven) zusammen, falls $\tau_X - \tau_Y \in \mathbb{G}$ gilt, man schreibt dann

$$\tau_X \equiv \tau_Y \bmod \mathbb{G}.$$

Es handelt sich um eine Äquivalenzrelation, die Menge $\mathbb{Z}^2/\mathbb{G}$ der Äquivalenzklassen bezeichnen wir mit $\mathbb{T}$.

Bevor wir anhand von $\mathbb{T}$ Tonleitern konstruieren, wollen wir uns überlegen, wie man die Anzahl der Elemente von $\mathbb{T}$ berechnen kann. Jede Äquivalenzklasse lässt sich als verschobenes Gitter $\tau + \mathbb{G}$ schreiben, mit $\tau \in \mathbb{Z}^2$. Offenbar schneidet sie sich mit der *Gittermasche*, dem halboffenen Parallelogramm

$$P := \{\lambda_1\beta_1 + \lambda_2\beta_2 : \lambda_1, \lambda_2 \in [0,1)\},$$

in genau einem Punkt. Dies bedeutet, dass wir die Elemente von $P \cap \mathbb{Z}^2$ als Repräsentanten aller Äquivalenzklassen betrachten dürfen, und für die Mächtigkeit von $\mathbb{T}$ ergibt sich die Formel

$$\#\mathbb{T} = \#(P \cap \mathbb{Z}^2).$$

Ganzzahlige Randpunkte des Parallelogramms werden mitgezählt, sofern sie nicht auf einem seiner oberen Ränder (mit $\lambda_1 = 1$ oder $\lambda_2 = 1$) liegen. Einen expliziten Ausdruck bietet der folgende Satz, der eng mit dem Satz von Pick über Gitterpolygone verwandt ist (siehe die Aufgaben).

Satz 1.1 *Seien $\beta_1 = (i_1, j_1), \beta_2 = (i_2, j_2) \in \mathbb{Z}^2$ linear unabhängig. Dann stimmen die Mächtigkeit von $P \cap \mathbb{Z}^2$ und der Flächeninhalt von P überein.*

Da sich der Flächeninhalt des Parallelogramms P bis auf das Vorzeichen als $\det(\beta_1^T, \beta_2^T) = i_1 j_2 - j_1 i_2$ bestimmt, können wir den Satz auch in der Formel

$$\#(P \cap \mathbb{Z}^2) = |i_1 j_2 - j_1 i_2|$$

zusammenfassen.

Beweis Zum Beweis ordnen wir jedem $\tau = (v, w) \in \mathbb{Z}^2$ das halboffene Quadrat

$$Q_\tau = \{v + \lambda, w + \mu : \lambda, \mu \in [-1/2, 1/2)\}$$

vom Flächeninhalt 1 und mit τ im Zentrum zu, und definieren das Flächenstück (siehe Abb. 1.3)

$$F := \bigcup_{\tau \in P \cap \mathbb{Z}^2} Q_\tau.$$

Die Quadrate schließen nahtlos aneinander an, deswegen hat F den Flächeninhalt

$$|F| = \#(P \cap \mathbb{Z}^2). \tag{1.4}$$

Die Anschauung sagt, dass die Inhalte von F und P ungefähr übereinstimmen. Wir zeigen, dass sie sogar gleich sind. Zunächst begrenzen wir die Differenz $|P| - |F|$. Dazu betrachten wir zwei weitere Parallelogramme P', P'', ein von P eingeschlossenes und ein P umfassendes. Die Seiten von P' und P'' wählen wir parallel zu den entsprechenden Seiten von P, und zwar im Abstand 1 (P' ist möglicherweise die leere Menge). Elementargeometrische Überlegungen ergeben erstens die Ungleichung

Abb. 1.3 Gittermasche mit Tönen, rot umrandet die Menge F

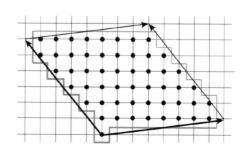

$$|P''| - |P'| = |P'' \setminus P'| \leq 2\ell_P, \tag{1.5}$$

wobei ℓ_P den Umfang von P bezeichnet, und zweitens neben $P' \subset P \subset P''$ die Inklusionen $P' \subset F \subset P''$, die für die Flächeninhalte die Ungleichungen

$$|P'| \leq |P| \leq |P''|, \quad |P'| \leq |F| \leq |P''| \tag{1.6}$$

nach sich ziehen. Zusammenfassend folgt aus (1.4), (1.5) und (1.6) die Abschätzung

$$\left| \#(P \cap \mathbb{Z}^2) - |P| \right| \leq 2\ell_P. \tag{1.7}$$

Wir wenden diese Ungleichung nun auf das Parallelogramm

$$P_n := \left\{ n\lambda_1\beta_1 + n\lambda_2\beta_2 : \lambda_1, \lambda_2 \in [0,1) \right\}$$

an, mit $n \in \mathbb{N}$. Die Kantenlängen haben sich um den Faktor n vergrößert, deswegen gilt $|P_n| = n^2|P|$ und $\ell_{P_n} = n\ell_P$. Da die β_1 und β_2 linear unabhängig sind, zerfällt P_n nahtlos in n^2 disjunkte Parallelogramme, die alle durch Translation aus P hervorgehen. Auch sind ihre Eckpunkte alle ganzzahlig, weil dies für β_1 und β_2 vorausgesetzt ist. Deswegen enthalten diese halboffenen Parallelogramme alle die gleiche Anzahl von Elementen aus $\mathbb{Z}^2$, und es folgt

$$\#(P_n \cap \mathbb{Z}^2) = n^2 \#(P \cap \mathbb{Z}^2).$$

Eingesetzt in (1.7) erhalten wir

$$\left| \#(P \cap \mathbb{Z}^2) - |P| \right| = \frac{1}{n^2} \left| \#(P_n \cap \mathbb{Z}^2) - |P_n| \right| \leq \frac{2}{n^2} \ell_{P_n} = \frac{2}{n} \ell_P.$$

Der Grenzübergang $n \to \infty$ ergibt die Behauptung. $\qquad\square$

Wir kommen nun zur Konstruktion von Tonleitern. Aus den unendlich vielen Tönen in Eulers Tonnetz gewinnen wir ein endliches Tonsystem, indem wir Töne mithilfe eines Gitters $\mathbb{G}$ identifizieren. Dabei wird man dafür sorgen, dass nur solche Töne zusammenfallen, die sich kaum unterscheiden. Wir werden also die Gitterbasis β_1, β_2 aus möglichst kleinen Intervallen, aus Kommata gewinnen, und dann aus der Repräsentantenmenge $P \cap \mathbb{Z}^2$ die Tonleiter aufbauen. Hier gilt es zu beachten, dass ein Gitter verschiedene Basen besitzt. Dies hat keinen Einfluss auf $\mathbb{T}$ und seine Mächtigkeit, beides hängt definitionsgemäß nur vom Gitter $\mathbb{G}$ ab. Jedoch verändert sich mit der Gitterbasis auch die Gittermasche P und die in ihr enthaltenen Repräsentanten der Töne samt Frequenzen. Die Güte der Tonleiter hängt wesentlich von der Wahl der Gitterbasis ab. Wir schauen uns das in zwei Beispielen an.

12-tönige Skalen Hier gehen wir in der Wahl der Gitterbasis vom pythagoreischen und vom syntonischen Komma aus. Sie haben die FVs $2^{19} : 3^{12}$ und $2^4 : 3^4 5^{-1}$, also setzen wir

$$\beta_1 := (12,0) \, , \ \beta_2 := (4,-1).$$

Satz 1.1 ergibt

$$\#\mathbb{T} = 12.$$

Man erkennt unmittelbar, dass die zwölf Gitterpunkte $(a,0)$, $a = 0,1,\ldots,11$, zur Gitter-masche P gehören, sie liegen auf dem Rand. Dies sind folglich alle Repräsentanten von $\mathbb{T}$ innerhalb von P. Es handelt sich um die pythagoreische Tonleiter.

Wir optimieren nun die Gitterbasis. Das pythagoreische und das syntonische Komma haben die Centzahlen 23,46 und 21,51. Das Differenzintervall ist das *Schisma* mit dem FV

$$2^{19-4} : 3^{12-4}5 = 2^{15} : 3^{8}5$$

und 1,95 Cent. Zu ihm gehört der Gitterpunkt

$$\beta_1' := \beta_1 - \beta_2 = (8,1).$$

Man erkennt unmittelbar, dass auch β_1', β_2 eine Gitterbasis bilden (denn wir haben $\beta_1 = \beta_1' + \beta_2$). Daraus resultiert eine neue Gittermasche, die Menge der Repräsentanten bleibt jedoch unverändert. Nun passen wir auch noch β_2 an. Dazu nutzen wir, dass sich ein elffaches Schisma minimal vom syntonischen Komma unterscheidet. Das Differenzintervall hat das FV

$$2^{11\cdot 15-4} : 3^{11\cdot 8-4}5^{11+1} = 2^{161} : 3^{84}5^{12}$$

und, bemerkenswert gering, $-0{,}015$ Cent. Wir bilden also

$$\beta_2' := 11 \cdot \beta_1' - \beta_2 = (84,12) = 12 \cdot (7,1)$$

und erhalten die Gitterbasis β_1', β_2'. Die Töne innerhalb der neuen Gittermasche P' treten erneut direkt in Erscheinung, es sind die Randpunkte $(7a,a)$, $a = 0,1,\ldots,11$. Der Vektor $(7,1)$ entsteht, indem man 7 Quinten und eine große Terz nach oben schreitet. Modulo Oktaven ist das fast genau eine reine Quarte nach oben bzw. eine reine Quinte nach unten. Wir erkennen, dass die neue Tonleiter eine verfeinerte Variante der pythagoreischen Tonleiter ist, die Abweichung der letzten Quinte beträgt nun nicht mehr 23,5 Cent, sondern nur noch minimale 0,015 Cent. Es handelt sich also im Wesentlichen um eine gleichstufige Tonleiter. Für praktische Zwecke ist die Konstruktion nicht gedacht.

53-tönige Skalen Nach einem Vorschlag des Physikers Shohé Tanaka (1890) wählen wir nun das eine Komma als das Schisma mit FV $2^{15} : 3^{8}5$ und 1,95 Cent, und das andere als das *Kleisma* mit FV $2^6 : 3^{-5}5^6$ und 8,11 Cent. Dies führt zur Gitterbasis

$$\beta_1 = (8,1) \, , \ \beta_2 = (-5,6).$$

Satz 1.1 ergibt

$$\#\mathbb{T} = 53.$$

Abb. 1.3 zeigt die zugehörige Gittermasche P samt den enthaltenen ganzzahligen Punkten, die resultierende Tonleiter ist unübersichtlich.

Ein durchsichtiges Resultat erhalten wir nach einem Basiswechsel, wobei wir vom sechsfachen Schisma das Kleisma abziehen. Wir erhalten ein Komma mit dem FV

$$2^{6\cdot15-6} : 3^{6\cdot8+5}5^{6-6} = 2^{84} : 3^{53}$$

und mit 3,6 Cent. Die Gitterbasis ist nun

$$\beta_1' = (8,1)\,,\quad \beta_2' = (53,0).$$

Die Gittermasche enthält die ganzzahligen Punkte $(a,0)$, $a = 0,1,\ldots,52$. Ganz analog zur pythagoreischen Tonleiter entsteht eine Skala, die in Quintsprüngen nach oben modulo Oktaven entsteht und nach 53 Schritten abgebrochen wird. Die letzte Quinte weist eine Abweichung von 3,6 Cent auf.

1.6   Der Weg zur gleichstufigen Stimmung

In der reinen und der pythagoreischen Stimmung sind viele Intervalle unrein. Dies macht beide Skalen für Tasteninstrumente ungeeignet, weil sie die Tonart festlegen und das Modulieren (das Wechseln der Tonart innerhalb eines Musikstückes) hemmen. Ersatzweise wurden recht unterschiedliche Stimmungen vorgeschlagen. Sie werden alle konstruiert, indem man konzeptionell von der pythagoreischen Stimmung ausgeht und dort die Abstände zwischen den Tönen temperiert, also leicht nachjustiert. Dies geschieht nicht anhand der Tonleiter sondern zwischen benachbarten Tönen im Quintenzirkel, da so die Wirkung auf die Tonintervalle deutlicher zu Tage tritt.

Mitteltönige Stimmungen Diese Stimmungen dienen dazu, das pythagoreische Schema an Terzen anzupassen. In der pythagoreischen Skala entstehen große Terzen, indem man 4 aufeinanderfolgende Quinten zweimal nach unten oktaviert. Der Fehler ist ein syntonisches Komma. In der *mitteltönigen Skala* (in ihrer gängigsten Variante) verkleinert man also die reinen Quinten um 1/4 eines syntonisches Komma, um 5,4 Cent, sodass reine große Terzen entstehen. Dies lässt sich entlang des Quintenzirkels für 11 Quinten realisieren. Sie haben nun 696,6 Cent und werden nur leicht unrein. Praktisch gesehen ist das vernachlässigbar, deswegen bezeichnen wir solche Intervalle, die um wenige Cent verstimmt sind, hier als „sauber". Die letzte Quinte muss die verbleibenden 737,4 Cent schlucken, sie übertrifft die reine Quinte um 36 Cent, um einen Sechstelton. Diese Wolfsquinte ist unsauber, sie muss man in der musikalischen Praxis meiden.

Es ergeben sich folgende Tonintervalle und Akkorde: Weil die großen Terzen aus 4 aufeinanderfolgenden Quinten entstehen, kommt die Wolfquinte auch in 4 großen Terzen zur

Geltung, die dann zum Musizieren nicht mehr taugen. Sie sind Bestandteil von 4 unbrauchbaren Durakkorden. Einer dieser Akkorde enthält als Quinte gerade die Wolfsquinte, denn dann ist auch seine große Terz untauglich. Die drei anderen Akkorde weisen saubere Quinten auf. Entlang der 12 Tonarten bleiben demnach 8 saubere Durakkorde.

Dies erlaubt uns weiter einen Überblick über die kleinen Terzen. Dazu erinnern wir uns daran, dass die Differenz einer Quinte und einer großen Terz eine kleine Terz ergibt. Entsprechend finden sich in den 8 sauberen Akkorden 8 saubere kleine Terzen, als Differenzen von sauberen Quinten und reinen großen Terzen. Bei den 3 unbrauchbaren Akkorden mit sauberer Quinte sind dagegen mit der großen auch die kleine Terz unsauber. In dem letzten Akkord, in dem die Quinte und die großer Terz beide von der Wolfsquinte verdorben sind, bleibt die kleine Terz als Differenzintervall davon unberührt und ist sauber. Insgesamt finden sich 8 reine große Terzen, 9 saubere kleine Terzen und 11 saubere Quinten, und dies überträgt sich weiter auf die Komplementärintervalle, auf die Quarten und Sekunden. – Von Interesse ist auch die Anzahl der sauberen Mollakkorde und sauberen Kadenzen quer durch alle Tonarten. Dem gehen wir in den Aufgaben nach.

Anders als bei der reinen Stimmung setzt sich in der mitteltönige Stimmung eine große Terz aus zwei gleichgroßen Ganztönen mit dem FV $1 : \sqrt{5/4}$ zusammen, daher die Bezeichnung ‚mitteltönig‘. Die Stimmung kam in der Renaissance um 1450 auf. Sie wurde zum Standard für Tasteninstrumente und war in der Musikpraxis lange vorherrschend.

Wohltemperierte Stimmungen Ein späterer Ansatz war bemüht, die Wolfsquinte der pythagoreischen Stimmung vollständig zu beseitigen und damit uneingeschränktes Modulieren zu ermöglichen. Dies gelingt, indem man das überschüssige pythagoreische Komma aus mehreren Quinten abzieht, nicht nur aus einer einzigen. Das bekannteste Beispiel ist die *Stimmung Werckmeister III,* in der ausgehend vom C je 1/4 pythagoreisches Komma aus den ersten 4 Quinten CG, GD, DA, AE entfernt wird. Es verschiebt sich also das E um ein pythagoreisches Komma. Damit unterscheidet sich die Größe des Intervalls CE von der Terz mit FV $4 : 5$ nur noch um 2 Cent, dem Schisma, denn wie wir schon angesprochen haben, differieren die reine große Terz und die pythagoreische Terz um ein syntonische Komma. So hat man in der Werckmeister III-Stimmung die Wolfsquinte eliminiert und zusätzlich eine saubere Terz CE generiert. Derartige Stimmungen kamen um 1650 auf.

Die gleichstufige Stimmung Aus solchen Überlegungen resultierten noch einige andere Skalen, mit manchen Vorzügen und Nachteilen. Durchgesetzt hat sich am Ende die harmloseste von allen, die gleichstufige (gleichschwebende, gleichtemperierte) Stimmung. In ihr wird die Oktave in 12 Halbtöne der Größe 100 Cent aufgeteilt, alle mit identischem FV $1 : \sqrt[12]{2}$. Alle Tonarten klingen gleichgut (für manche Ohren gleichschlecht). Es entsteht die in der Tabelle dargestellte diatonische Skala. Man kann das so verstehen, dass man in der pythagoreischen Stimmung alle Quinten gleichmäßig um $23,5/12 = 2$ Cent verkleinert, und so die Wolfsquinte zum Verschwinden bringt. Ganztöne haben nun 200 Cent. Der Tritonus FH hat 600 Cent und wird zur genauen Halboktave, das Schema (1.1) ist nun exakt eingestellt. Die gleichstufige Stimmung funktioniert, weil die Quinte im Vergleich zur reinen Stimmung um nur 2 Cent versetzt ist. Auch ist die Terz hier weniger geschärft als in der pythagoreischen Stimmung, sie übertrifft die reine Terz um 14 Cent.

Ton	C	D	E	F	G	A	H	c
FV	1:1	$1:2^{\frac{1}{6}}$	$1:2^{\frac{1}{3}}$	$1:2^{\frac{5}{12}}$	$1:2^{\frac{7}{12}}$	$1:2^{\frac{3}{4}}$	$1:2^{\frac{11}{12}}$	$1:2$
Cent	0	200	400	500	700	900	1100	1200

Die gleichstufige Stimmung kommt hauptsächlich bei Tasteninstrumenten zur Geltung. Für das Klavier ist das aber noch nicht das Ende der Geschichte. Es ist eine bekannte Tatsache, dass bei Klavieren die Oktaven nicht rein gestimmt sind, sondern gestreckt werden. Eine Erklärung sieht den Grund dafür in den gespreizten Obertönen der steifen Saiten eines Pianos, es gibt dazu aber noch andere Überlegungen. Wir kommen darauf in Kap. 4 über Schwingungsmoden zurück.

1.7   Näherungsbrüche

In der gleichstufigen Stimmung wird die reine Quinte sehr genau getroffen. Es approximiert die Zahl $2^{7/12}$ besonders gut $3/2$, und der Bruch $7/12 \simeq 0{,}58333$ besonders gut $\log_2 3/2 \simeq 0{,}58496$. Auf den ersten Blick würde man hier bei dem Nenner 12 mit einer Abweichung von etwa der Größe $1/24 \simeq 0{,}04$ rechnen. Tatsächlich ist die Differenz aber kleiner als $0{,}0017$, was die gleichstufige Stimmung erst brauchbar macht. Analog verhält es sich mit der gleichstufigen Tonleiter aus 53 Einzeltönen, hier ist es der Bruch $31/53 \simeq 0{,}58491$, der sehr präzise mit $\log_2 3/2$ übereinstimmt. Dies zeichnet die Zahlen 12 und 53 als Anzahl von Tönen in einer gleichstufigen Tonleiter aus, und es stellt sich die Frage, ob noch anderen Zahlen dafür in Betracht kommen könnten.

In der Mathematik hat man einen Algorithmus, mit dem man solch gute Näherungsbrüche für beliebige Zahlen $\alpha > 0$ findet. Im liegt ein durchsichtiges Muster zugrunde: Um von α zu einer approximierenden rationalen Zahl zu gelangen, rundet man. Ist $\alpha \geq 1$, so geht man zu der ganzen Zahl $\lfloor \alpha \rfloor$ über, der größten ganzen Zahl kleiner oder gleich α. Ist dagegen $\alpha < 1$, schreibt man $\alpha = 1/\beta$ und ersetzt β durch $\lfloor \beta \rfloor$. Dieses Vorgehen lässt sich iterieren, dabei ergeben sich schrittweise ganze Zahlen $m_1, m_2, \ldots$ nach dem Schema

$$\alpha = \alpha_0 = m_1 + \frac{1}{\alpha_1} = m_1 + \frac{1}{m_2 + \frac{1}{\alpha_2}} = \cdots, \tag{1.8}$$

mit Zahlen $\alpha_0 := \alpha$ und $\alpha_1, \alpha_2, \cdots > 1$. Es gilt also

$$\alpha_{n-1} = m_n + \frac{1}{\alpha_n} \quad \text{und} \quad m_n = \lfloor \alpha_{n-1} \rfloor, \quad n \geq 1. \tag{1.9}$$

Die *Näherungsbrüche* von α sind dann die rationalen Zahlen

$$m_1 \, , \ m_1 + \frac{1}{m_2} \, , \ m_1 + \frac{1}{m_2 + \frac{1}{m_3}} \, , \ \ldots \tag{1.10}$$

Ergibt sich für α_{n-1} ein ganzzahliger Wert, so wird $m_n = \alpha_{n-1}$, und das Verfahren bricht ab.

Beispiel

Gilt $\alpha = p/q$ mit $p, q \in \mathbb{N}$, und dividieren wir p durch q mit Rest $r < q$,

$$p = mq + r, \tag{1.11}$$

mit ganzzahligem $m \geq 0$, so können wir den ersten Rechenschritt schreiben als

$$m_1 = m \, , \quad \alpha_1 = \frac{q}{r}.$$

Im nächsten Schritt sind dann p und q durch q und r zu ersetzen usw. Für rationale Zahlen ist unser Rechenschema damit zum Euklidischen Algorithmus äquivalent! Da die Divisionsreste monoton fallen, bricht hier das Verfahren nach endlich vielen Schritten ab.

Rekursiv aufgebaute Ausdrücke wie in (1.10) heißen *Kettenbrüche*. Wir vereinbaren für beliebige reelle Zahlen $x_1 \geq 0, x_2, \ldots, x_n > 0$ die Schreibweise

$$[x_1, x_2, \ldots, x_n] := x_1 + \cfrac{1}{x_2 + \cfrac{1}{x_3 + \cfrac{1}{\ddots \atop x_{n-1} + \cfrac{1}{x_n}}}}.$$

Wegen $x_2, \ldots, x_n > 0$ sind alle Nenner ungleich 0. Es gilt

$$[x_1] = x_1 \, , \quad [x_1, \ldots, x_n] = [x_1, \ldots, x_{n-1} + \tfrac{1}{x_n}]. \tag{1.12}$$

Diese Gleichungen kann man auch zu einer rekursiven Definition von Kettenbrüchen heranziehen.

Wir wollen auf drei Aspekte von Kettenbrüchen eingehen: Wie bestimmt man effizient die Näherungsbrüche? Wie gut ist α durch seine Näherungsbrüche approximiert? Wie kann man diese Näherung geometrisch veranschaulichen? Der Schlüssel ist ein lineares Schema, das den Kettenbrüchen zugrunde liegt. Wir definieren zu vorgegebenen $x_1, x_2, \cdots \geq 0$ induktiv die Zahlen

$$p_0 := 1 \, , \ p_{-1} := 0 \quad q_0 := 0 \, , \ q_{-1} := 1 \, ,$$

und, ähnlich wie in (1.11), für $n \geq 1$

$$p_n := x_n p_{n-1} + p_{n-2}, \quad q_n := x_n q_{n-1} + q_{n-2}. \tag{1.13}$$

Satz 1.2 *Es gilt für $n \geq 1$*

$$[x_1, \ldots, x_n] = \frac{p_n}{q_n}.$$

Sind $x_1, \ldots, x_n$ ganze Zahlen, so auch p_n und q_n, und p_n und q_n sind dann teilerfremd.

Beweis Wir verfahren per Induktion nach n. Es gilt $p_1 = x_1$ und $q_1 = 1$, und folglich $[x_1] = x_1 = p_1/q_1$. Für den Induktionsschritt von n nach $n+1$ wenden wir die Induktionsannahme auf $[x_1', \ldots, x_{n-1}', x_n'] = [x_1, \ldots, x_{n-1}, x_n + x_{n+1}^{-1}]$ an. Für die zugehörigen Zahlen p_i', q_i' gilt offenbar $p_i' = p_i, q_i' = q_i$ für alle $i < n$ und folglich bei dreimaliger Anwendung von (1.13)

$$
\begin{aligned}
[x_1, \ldots, x_n + x_{n+1}^{-1}] &= \frac{p_n'}{q_n'} \\
&= \frac{(x_n + x_{n+1}^{-1}) p_{n-1}' + p_{n-2}'}{(x_n + x_{n+1}^{-1}) q_{n-1}' + q_{n-2}'} \\
&= \frac{x_{n+1}(x_n p_{n-1} + p_{n-2}) + p_{n-1}}{x_{n+1}(x_n q_{n-1} + q_{n-2}) + q_{n-1}} \\
&= \frac{x_{n+1} p_n + p_{n-1}}{x_{n+1} q_n + q_{n-1}} \\
&= \frac{p_{n+1}}{q_{n+1}}.
\end{aligned}
$$

Mit (1.12) erhalten wir

$$[x_1, \ldots, x_{n+1}] = \frac{p_{n+1}}{q_{n+1}}.$$

Dies ergibt die erste Behauptung.

Die weitere Behauptung, dass im ganzzahligen Fall p_n und q_n teilerfremd sind, ist eine direkte Konsequenz der Gleichung

$$p_n q_{n-1} - q_n p_{n-1} = (-1)^n, \quad n \geq 0, \tag{1.14}$$

welche wir auch durch Induktion beweisen. Es gilt $p_0 q_{-1} - q_0 p_{-1} = 1 = (-1)^0$, außerdem haben wir wegen (1.13)

$$p_{n+1}q_n - q_{n+1}p_n = (x_{n+1}p_n + p_{n-1})q_n - (x_{n+1}q_n + q_{n-1})p_n$$
$$= -(p_nq_{n-1} - q_np_{n-1}).$$

Diese Gleichung ermöglicht den Induktionsschritt. □

Die Berechnung der Näherungsbrüche mithilfe des letzten Satzes nennt man den *Kettenbruchalgorithmus*.

Beispiel
Quinten und Terzen: Zum Bestimmen der Näherungsbrüche $\alpha = \log_2 \frac{3}{2} = 0{,}58496\ldots$ geht man also wie folgt vor: Die natürlichen Zahlen $m_1, m_2, \ldots$ berechnen sich schrittweise gemäß (1.9) aus

$$\alpha_0 = \alpha \,,\; \ldots \,,\; m_n = \lfloor \alpha_{n-1} \rfloor \,,\; \alpha_n = \frac{1}{\alpha_{n-1} - m_n} \,,\; \ldots$$

und die Näherungsbrüche $[m_1, m_2, \ldots, m_n] = p_n/q_n$ bestimmen sich dann aus (1.13). Wir errechnen

n	-1	0	1	2	3	4	5	6	7	8	...
m_n			0	1	1	2	2	3	1	5	...
p_n	0	1	0	1	1	3	7	24	31	179	...
q_n	1	0	1	1	2	5	12	41	53	306	...

und erhalten die Näherungsbrüche $7/12 = 0{,}58333\ldots, 24/41 = 0{,}58537\ldots, 31/53 = 0{,}58491\ldots$ Dies bestätigt unsere früheren Feststellungen, dass sich die Quinte fast rein in gleichstufige Tonleitern aus 12 oder auch 53 gleichgroßen Intervallen einfügt.
Für $\alpha = \log_2 \frac{5}{4} = 0{,}322\ldots$ ergibt sich die Tabelle

n	-1	0	1	2	3	4	...
m_n			0	3	9	2	...
p_n	0	1	0	1	9	19	...
q_n	1	0	1	3	28	59	...

und der Näherungsbruch $4/12 = 1/3 = 0{,}333\ldots$. Auch die Terz erweist sich so als (einigermaßen) an die gleichstufige Tonleiter aus 12 Tönen angepasst. Der folgende Satz zeigt, dass hier der hohe Wert von $m_3 = 9$ mithilft.

Nun betrachten wir die Approximationsgüte der Näherungsbrüche. Hier machen wir von der Eigenschaft Gebrauch, dass $[x_1, \ldots, x_n]$ bei festen $x_1, \ldots, x_{n-1}$ in x_n eine strikt monotone Funktion ist, und zwar wachsend für ungerades n und fallend für gerades n. Dieser Sachverhalt ist aus (1.12) unmittelbar per Induktion einsichtig.

Als erstes ergibt sich mittels Monotonie eine Ordnung unter den Näherungsbrüchen. Mithilfe von (1.12) ergibt sich für gerades n

$$\frac{p_{n+2}}{q_{n+2}} = [m_1, \ldots, m_{n+2}] = [m_1, \ldots, m_n + \frac{1}{m_{n+1}+m_{n+2}^{-1}}]$$

$$< [m_1, \ldots, m_n] = \frac{p_n}{q_n}.$$

Die Näherungsbrüche bilden also für gerades n eine strikt fallende Folge, und analog für ungerades n eine strikt wachsende Folge.

Zweitens schreibt sich die Gl. (1.8) nun als

$$\alpha = [m_1, \ldots, m_n, \alpha_n], \ n \geq 1,$$

mit ganzen Zahlen $m_1 \geq 0, m_2, m_3, \ldots \geq 1$ und Zahlen $\alpha_1, \alpha_2, \ldots > 1$. Nach Konstruktion ist $\alpha_{n-1} \geq m_n$. Für gerades n folgt daher

$$\alpha = [m_1, \ldots, m_{n-1}, \alpha_{n-1}] \leq [m_1, \ldots, m_{n-1}, m_n] = \frac{p_n}{q_n},$$

und für ungerades n kehrt sich die Ungleichung um.

Insgesamt erhalten wir die Anordnung

$$0 \leq \frac{p_1}{q_1} < \frac{p_3}{q_3} < \cdots \leq \alpha \leq \cdots < \frac{p_4}{q_4} < \frac{p_2}{q_2} < \infty. \tag{1.15}$$

und mit (1.14) die Abschätzung

$$\left| \frac{p_n}{q_n} - \alpha \right| < \left| \frac{p_n}{q_n} - \frac{p_{n+1}}{q_{n+1}} \right| = \frac{1}{q_n q_{n+1}}. \tag{1.16}$$

Unter Berücksichtigung von $q_{n+1} = m_{n+1}q_n + q_{n-1}$ folgt schließlich der *Satz von Lagrange:*

Satz 1.3 *Für $n \geq 1$ gilt*

$$\left| \frac{p_n}{q_n} - \alpha \right| < \frac{1}{m_{n+1}q_n^2} \leq \frac{1}{q_n^2}.$$

Zum Vergleich: Zu irgendeiner natürlichen Zahl q können wir immer eine natürliche Zahl p bestimmen, sodass $|p - \alpha q| \leq 1/2$ ist, bzw.

$$\left| \frac{p}{q} - \alpha \right| \leq \frac{1}{2q}.$$

Die Näherungsbrüche bieten nach dem Satz von Lagrange eine deutliche Verbesserung. Besonders gute Übereinstimmung stellt sich ein, wenn m_{n+1} einen großen Wert annimmt, wenn also Zähler und Nenner des nächsten Näherungsbruchs weit wegrücken.

Beispiel

Noch einmal zur Quinte: Der zweite Näherungsbruch von $2^{7/12} = 1{,}498305\ldots$ lautet $p_2/q_2 = 3/2$. Die bemerkenswerte Nähe beider Werte drückt sich auch darin aus, dass m_3 hier mit 147 einen besonders hohen Wert hat. Der nächste Näherungbruch ist $p_3/q_3 = 442/295 = 1{,}498307\ldots$

Für rationales α haben wir schon gesehen, dass der Kettenbruchalgorithmus abbricht, dann stimmt α mit dem letzten Näherungsbruch überein. Für irrationales α ist das nicht mehr der Fall, dann konvergieren die Näherungsbrüche nach Satz 1.3 gegen α. Man spricht von der *Kettenbruchentwicklung* von α und schreibt

$$\alpha = [m_1, m_2, \ldots].$$

Unsere Formeln für die Näherungsbrüche lassen sich auf eindrückliche Weise geometrisch veranschaulichen. Dazu betrachten wir die Punkte

$$P_n := (q_n, p_n), \quad n = -1, 0, 1, \ldots$$

mit ganzzahligen Koordinaten im positiven Quadranten der Ebene. Zunächst sagt (1.15) aus, dass die Punkte $(1,0) = P_{-1}, P_1, P_3, \ldots$ alle unterhalb der Geraden $y = \alpha x$ liegen, und die Punkte $(0,1) = P_0, P_2, P_4, \ldots$ oberhalb. Weiter ergibt sich aus (1.13)

$$P_n - P_{n-2} = m_n P_{n-1}.$$

Für gerades n ist $m_n \geq 1$, deswegen ist $P_n \neq P_{n-2}$, und die Strecke zwischen P_{n-2} und P_n hat wegen (1.13) die Steigung p_{n-1}/q_{n-1}. Nach (1.15) wächst diese Folge. Dies bedeutet, dass der durch $P_0, P_2, \ldots$ gebildete Streckenzug ∂_o konvex ist, sich nach oben krümmt, siehe Abb. 1.4. Analog erkennt man, dass der Streckenzug ∂_u durch $P_{-1}, P_1, P_3, \ldots$ konkav ist (wobei möglicherweise $m_1 = 0$ gilt, also $P_1 = P_{-1}$, was aber nicht weiter stört).

Zwischen den Streckenzügen ∂_u und ∂_o liegt die Gerade $y = \alpha x$ und der Punkt $(0,0)$. Wir zeigen nun, dass dort im positiven Quadranten keine weiteren Punkte (q, p) mit ganzzahligen Koordinaten zu finden sind. Zum Beweis betrachten wir für jedes $n = 0, 1, \ldots$ die Funktion

$$\ell(P) = \ell(q, p) = p_n q - q_n p,$$

Abb. 1.4 Näherungsbrüche für $\alpha = 0{,}62$

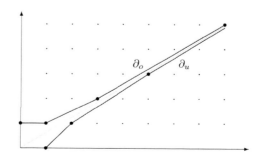

die linear von $P = (q, p)$ abhängt. Es gilt $\ell(P_n) = 0$ sowie nach Gl. (1.14) $\ell(P_{n+1}) = \ell(P_{n-1}) = \pm 1$. Dies impliziert, dass ein Punkt P in dem von P_{n-1}, P_n, P_{n+1} gebildeten Dreieck keine ganzzahligen Koordinaten hat, es sei denn P ist gleich P_n oder liegt auf der Seite zwischen P_{n-1} und P_{n+1}. Da diese Dreiecke den Bereich zwischen ∂_u und ∂_o ausschöpfen, folgt die Behauptung.

Wir können dieses Resultat so aussprechen: ∂_u ist der Rand der konvexen Hülle K_u aller ganzzahligen Punkte im positiven Quadranten *unterhalb* der Geraden $y = \alpha x$, und ∂_o der Rand der konvexen Hülle K_o aller ganzzahligen Punkte *oberhalb* der Geraden. Die Punkte $P_{-1}, P_0, P_1, \ldots$ sind Extremalpunkte auf diesen beiden Rändern. Die zugehörigen Brüche heißen also mit Fug und Recht Näherungsbrüche von α.

1.8   Aufgaben

Aufgabe 1
Untersuchen Sie den „Quartenzirkel". Mit welchem Ton muss man anfangen, damit auch hier erst alle Stammtöne durchquert werden? Gibt es noch andere Shifts in $\mathbb{Z}_{12}$, mit denen man alle Restklassen in einem Gang durchlaufen kann?

Aufgabe 2: Das enharmonische Komma
Drei große Terzen ergeben keine Oktave, es fehlt ein Restintervall. Bestimmen Sie sein Frequenzverhältnis und seine Größe in Cent.

Aufgabe 3
8 Quinten plus eine große Terz ergeben sehr genau 5 Oktaven. Wie groß ist die Differenz in Cent?

Aufgabe 4
Entwickeln Sie die reine Skala in Moll mit den Tönen C, D, Es, F, G, As, B, c aus der Kadenz. Untersuchen Sie die Frequenzverhältnisse, die Centzahlen und die Güte der Approximation mit 53 Kommata.

Aufgabe 5
Konstruieren Sie eine diatonische Skala mit 5 Ganztönen aus 7 Kommata und 2 Halbtönen aus 3 Kommata, insgesamt 41 Kommata. Vergleichen Sie mit der pythagoreischen Skala.

Aufgabe 6
Die Töne der reinen C-Dur Tonleiter befinden sich alle in Eulers Tonnetz. Bestimmen Sie die Positionen.

Aufgabe 7: Der Satz von Pick
Wir betrachten ein Gitterpolygon in der Ebene, also ein Polygon P, dessen Ecken alle zum Gitter $\mathbb{Z}^2$ gehören. Sei a die Zahl der Gitterpunkte im Inneren von P und b die Zahl der Gitterpunkte auf dem Rand von P. Dann gilt für die Fläche $|P|$ des Polygons die Formel

$$|P| = a + \frac{b}{2} - 1.$$

Beweisen Sie die Formel der Reihe nach für Parallelogramme, Dreiecke und dann für beliebige Gitterpolygone.

Hinweis Benutzen Sie Satz 1.1.

Aufgabe 8
Bestimmen Sie Frequenzverhältnisse und Centzahlen für die Tonleiter C, D, E, F, G, A, H, c in mitteltöniger und in Werckmeister III-Stimmung.

Aufgabe 9
An einem Durakkord sind in pythagoreischer Auffassung 4 aufeinanderfolgende Quinten beteiligt. Erläutern Sie diesen Sachverhalt. Wie sind diese Quinten bei den 3 Akkorden einer Kadenz zueinander positioniert? Folgern Sie, dass die mitteltönige Stimmung quer durch die 12 Tonarten 6 saubere Kadenzen realisiert.

Aufgabe 10
Begründen Sie: Ganz wie bei den Durakkorden hat man in der mitteltönigen Stimmung 8 fast konsonante und 4 unbrauchbare Mollakkorde.

Hinweis Besteht die Möglichkeit, dass der Mollakkord mit der Wolfsquinte eine reine große Terz enthält?

Aufgabe 11: Die reine Stimmung als Näherung der gleichstufigen Stimmung
Die Brüche
$$9:8\,,\ 5:4\,,\ 4:3\,,\ 3:2\,,\ 5:3\,,\ 15:8$$
sind Näherungsbrüche der Zahlen
$$2^{2/12}\,,\ 2^{4/12}\,,\ 2^{5/12}\,,\ 2^{7/12}\,,\ 2^{9/12}\,,\ 2^{11/12}.$$
Verifizieren Sie dies (exemplarisch).

Aufgabe 12: Daniel Strähles Näherung der gleichstufigen Stimmung für die Gitarre aus dem Jahre 1743
In Abb. 1.5 steht die Strecke AE für eine Saite einer Gitarre und die Schnittpunkte zwischen A und D für die Positionen von 12 Bünden auf dem Griffbrett. Die Längenverhältnisse in der Konstruktion sind
$$\overline{AB} : \overline{AC} : \overline{BC} : \overline{BD} = 12 : 24 : 24 : 7\,,\ \overline{AD} : \overline{AE} = 1 : 2.$$
Die 12 Abschnitte auf der Strecke $\overline{AB}$ sind alle gleichlang. Dann realisieren die Bünde fast genau eine gleichstufige chromatische Tonleiter (die Abweichungen sind alle kleiner als 3 Cent). Zeigen Sie:
(i): Die Frequenzverhältnisse (= reziproke Längenverhältnisse) der einzelnen Töne Y_i zum Grundton X sind
$$f_X : f_{Y_i} = (204 - 5i) : (204 + 7i)\,,\ i = 0, 1, \ldots, 12.$$

Abb. 1.5 Strähles Gitarre

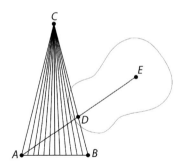

(ii): Diese Brüche sind für $i = 3, 4, 6$ Näherungsbrüche der Zahlen $2^{i/12}$ (kl. Terz, gr. Terz, Tritonus).

Aufgabe 13
Zeigen Sie
$$1 + \sqrt{2} = [2, 2, 2, \ldots]$$
und stellen Sie eine analoge Formel für $[m, m, m, \ldots]$ auf, mit einer natürlichen Zahl $m \geq 1$.

Aufgabe 14
Sei $[m_1, \ldots, m_k] = [m'_1, \ldots, m'_l]$ mit ganzen Zahlen m_i, m'_j und $k \leq l$. Zeigen Sie: Entweder gilt $k = l$ und $m_i = m'_i$ für alle $i \leq k$, oder aber $l = k + 1$, $m_i = m'_i$ für alle $i < k$, $m_k = m'_k + 1$ und $m'_l = 1$.

Hinweis Benutzen Sie die Formel $[m_1, \ldots, m_n] = m_1 + [m_2, \ldots, m_n]^{-1}$.

Aufgabe 15
Zeigen Sie der Reihe nach:
(i) $m_n \leq m_n + \dfrac{1}{m_{n+1} + 1} \leq \alpha_{n-1}$ für die Zahlen aus (1.9),

(ii) $\dfrac{p_{n+1} + p_n}{q_{n+1} + q_n}$ liegt zwischen $\dfrac{p_n}{q_n}$ und α,

(iii) $\left| \dfrac{p_n}{q_n} - \alpha \right| \geq \dfrac{1}{q_n(q_n + q_{n+1})} > \dfrac{1}{2q_n q_{n+1}}$.

Diese Ungleichung ergänzt die Abschätzung (1.16).

Aufgabe 16
(i) Seien $x_1 \geq 1$ und $x_2, \ldots, x_n > 1$ reelle Zahlen und sei
$$s_n = \sum_{k=1}^{n} \frac{(-1)^{k-1}}{x_1 \cdots x_k}.$$

Beweisen Sie induktiv die Formel

$$\frac{1}{s_n} - 1 = x_1 - 1 + \cfrac{x_1}{x_2 - 1 + \cfrac{x_2^a}{x_3 - 1 + \cfrac{x_3^a}{\ddots \cfrac{}{x_{n-1} - 1 + \cfrac{x_{n-1}^a}{x_n - 1}}}}}.$$

(ii) Zeigen Sie für den Fall $x_k = k$, $k \geq 1$, dass

$$s_n \to 1 - e^{-1}$$

für $n \to \infty$. Folgern Sie (wie schon Euler) die Kettenbruchdarstellung

$$e - 1 = 1 + \cfrac{2}{2 + \cfrac{3}{3 + \cfrac{4}{4 + \cfrac{5}{5 + \ddots}}}}.$$

Wellen und Töne

2

2.1 Einleitung

Die Welt ist voller Geräusche, die Akustik spricht von Schall. Er ist Ausdruck feinster Druck-schwankungen, die die Luft in Wellen durchlaufen und in ihrer Größenordnung gerade ein-mal ein Milliardstel bis ein Millionstel des Luftdrucks ausmachen. Bei einer periodischen Schwingung hört man einen Ton. Musikinstrumente sind darauf ausgelegt, solche periodi-sche Oszillationen des Luftdrucks zu erzeugen. Dies kann auf direkte Weise geschehen, wie bei einem Blasinstrument, oder auf Umwegen, wie im Falle eines Saiteninstruments, bei dem die Schwingungen der Saiten über den Korpus des Instruments in Oszillationen des Luftdrucks verwandelt werden.

Eine mathematische Analyse dieser Sachverhalte gelingt mithilfe der Wellengleichung. Im eindimensionalen Fall wurde sie von d'Alembert im Jahre 1747 gelöst. Sein Theorem steht im Zentrum dieses Kapitels, mit ihm werden wir nicht nur schwingende Saiten erfassen, sondern auch schwingende Säulen aus Luft, wie sie in Blasinstrumenten entstehen. Weiter erlaubt der Satz einen Zugang zu den Kugelwellen, und zwar – eine Laune der Mathematik – genau in der für das Hören so wichtigen Dimension 3. Das d'Alembertsche Theorem gibt ein Beispiel dafür ab, wie erst ein mathematischer Satz das Verständnis von Naturvorgängen ermöglicht.

2.2 Die Wellengleichung in Dimension 1

In diesem Kapitel behandeln wir die Wellengleichung aus der Perspektive von laufenden Wellen. Eine Welle in Dimension 1 erfasst man als eine Funktion $u(t, x)$ in zwei reellen Variablen t und x, dabei gibt $u(t, x)$ die Auslenkung der Welle aus der Ruhelage zur Zeit t an der Stelle x an.

Eine linkslaufende Welle auf der reellen Achse hat dann die Gestalt

$$u(t, x) = f(ct + x)$$

mit einer Funktion $f(x)$, $x \in \mathbb{R}$, und einer Konstanten $c > 0$. Die Funktion f beschreibt die räumliche Gestalt der Welle zur Zeit $t = 0$. Zu einem späteren Zeitpunkt $t > 0$ ist die Welle im Raum um die Strecke ct nach links verschoben, sie ist linkslaufend mit der Geschwindigkeit c. Für stetig differenzierbares f erfüllen die partiellen Ableitungen $u_t = \partial u / \partial t$ und $u_x = \partial u / \partial x$ von u nach t bzw. x die Gleichung $u_t(t, x) = c u_x(t, x)$, denn beide Seiten der Gleichung berechnen sich als $cf'(ct + x)$. Man spricht von der *linearen Transportgleichung*. Für zweimal stetig differenzierbares f kann man noch einen Schritt weiter gehen und erhält für die partiellen Ableitungen $u_{tt} = \partial^2 u / \partial t^2$ und $u_{xx} = \partial^2 u / \partial x^2$ von u, zweimal nach t bzw. zweimal nach x differenziert, die Gleichung

$$u_{tt} = c^2 u_{xx}.$$

Dies ist die *Wellengleichung* in Dimension 1.

Durch Spiegelung am Ursprung entsteht aus der linkslaufende Welle u eine rechtslaufende $\hat{u}$ der Gestalt

$$\hat{u}(t, x) = u(t, -x) = f(ct - x).$$

Nun ist $f(-x)$ die Ausgangslage der Welle. Offenbar erfüllt auch $\hat{u}$ im zweimal stetig differenzierbaren Fall die Wellengleichung (die Transportgleichung dagegen nur mit verändertem Vorzeichen). Damit lösen dann auch Linearkombinationen von rechts- und linkslaufenden Wellen die Wellengleichung.

Bemerkenswerterweise gewinnen wir damit schon einen vollständigen Überblick über alle Lösungen der Wellengleichung. Es gilt nämlich der folgende *Satz von d'Alembert*.

Satz 2.1 *Sei $c > 0$ und sei $I = (a, b)$ ein Intervall mit $-\infty \leq a < b \leq \infty$. Sei $u : (0, \infty) \times I \to \mathbb{R}$ eine zweimal stetig differenzierbare Funktion, die die Wellengleichung $u_{tt} = c^2 u_{xx}$ löst. Dann gibt es zweimal stetig differenzierbare Funktionen $f : (-b, \infty) \to \mathbb{R}$, $g : (a, \infty) \to \mathbb{R}$, sodass*

$$u(t, x) = f(ct - x) + g(ct + x), \quad x \in I, \, t > 0,$$

gilt. f und g sind bis auf eine additive Konstante eindeutig bestimmt.

Beweis Wir untersuchen u in den neuen Koordinaten

$$\eta = ct - x, \, \xi = ct + x \text{ bzw. } t = \frac{\eta + \xi}{2c}, \, x = \frac{\xi - \eta}{2},$$

betrachten also die Funktion U gegeben durch

Abb. 2.1 Definitionsbereich
von $U(\eta, \xi)$

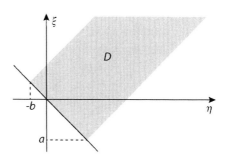

$$U(\eta, \xi) := u(t, x)$$

mit Definitionsbereich $D := \{(\eta, \xi) : 2a < \xi - \eta < 2b, \xi + \eta > 0\}$, siehe Abb. 2.1.

Nach der Kettenregel gilt

$$U_\xi = u_t t_\xi + u_x x_\xi = \frac{1}{2c} u_t + \frac{1}{2} u_x$$

und

$$U_{\xi\eta} = \frac{1}{4c^2} u_{tt} - \frac{1}{4c} u_{tx} + \frac{1}{4c} u_{xt} - \frac{1}{4} u_{xx}.$$

Wegen $u_{tx} = u_{xt}$ geht die Wellengleichung über in

$$U_{\xi\eta} = 0.$$

Diese Gleichung lässt sich problemlos in zwei Schritten integrieren. Erst fixieren wir ξ und betrachten die Funktion $\eta \mapsto U_\xi(\eta, \xi)$ auf dem Definitionsbereich $(\xi - 2b, \xi - 2a) \cap (-\xi, \infty)$, welcher genau für $\xi > a$ nichtleer ist. Die vorige Gleichung besagt dann, dass diese Funktion konstant ist, mit einem Wert, der im allgemeinen noch von dem vorab gewählten ξ abhängig ist. Wir können also für $\xi > a$

$$U_\xi(\eta, \xi) = h(\xi)$$

schreiben, mit einer stetigen Funktion $h : (a, \infty) \to \mathbb{R}$.

Weiter betrachten wir bei festem η die Funktion $\xi \mapsto U(\eta, \xi)$ mit dem Definitionsbereich $(\eta + 2a, \eta + 2b) \cap (-\eta, \infty)$. Nach der letzten Gleichung besitzt sie die Ableitung h, und wir erhalten für $\eta > -b$ per Integration die Gleichung

$$U(\eta, \xi) = f(\eta) + g(\xi)$$

mit einer Stammfunktion g von h und einer Funktion $f : (-b, \infty) \to \mathbb{R}$, die die im allgemeinen von η abhängige Integrationskonstante ausdrückt. Aus der Umformung

$$f(\eta) = U(\eta, \xi) - g(\xi)$$

erkennen wir bei fixiertem ξ die zweifach stetige Differenzierbarkeit sowie die Eindeutigkeit (bis auf eine additive Konstante) von f. Analoges gilt für g.

In den ursprünglichen Koordinaten ergibt das die im Satz behauptete Darstellung von u.

$\square$

Lösungen u der Wellengleichung wie im Satz von d'Alembert nennen wir kurz *Wellen*.

Harmonische Wellen Eine rechtslaufende harmonische Welle ist von der Gestalt

$$u(t, x) = A \sin(\omega t - kx + \theta)$$

mit $A, \omega, k > 0$ und $0 \le \theta < 2\pi$. Hier haben wir $f(x) = \sin(kx + \theta)$ und die Wellengeschwindigkeit

$$c = \frac{\omega}{k}.$$

An jeder Stelle x vollführt die Welle eine harmonische Schwingung, so an der Stelle $x = 0$ die Schwingung

$$u(t, 0) = A \sin(\omega t + \theta).$$

A heißt *Amplitude* und θ *Nullphase* der Schwingung. Die *Periodendauer* und die *Frequenz* sind

$$T := \frac{2\pi}{\omega} \quad \text{bzw.} \quad f := \frac{1}{T} = \frac{\omega}{2\pi}.$$

ω heißt *Kreisfrequenz*. An anderen Stellen x hat man dieselbe Amplitude und Frequenz, aber eine verschobene Nullphase. Auch räumlich gesehen hat man den Verlauf einer Sinusfunktion, hier übernimmt k die Rolle von ω. Die Größe k heißt *Wellenzahl* (manchmal auch *Kreiswellenzahl*), sie gibt die Anzahl der Wellen auf einer Strecke der Länge 2π an. Die *Wellenlänge* ergibt sich als $\lambda := 2\pi/k$, sie ist das räumliche Pendant der Periode T.

Häufig bevorzugt man – u. a. wegen der erheblichen Vorteile beim Rechnen mit der komplexen Exponentialfunktion – die komplexwertige Variante

$$u(t, x) = A e^{i(\omega t - kx)},$$

deren Real- und Imaginärteil dann reelle harmonische Wellen darstellen. Der Faktor A darf nun komplexwertig sein. Schreiben wir

$$A = |A| e^{i\theta},$$

so erweist sich $|A|$ als die Amplitude und $\theta = \arg A$ als die Nullphase. Linkslaufende harmonische Wellen werden wir in der Gestalt

$$u(t, x) = A e^{i(\omega t + kx)}$$

betrachten.

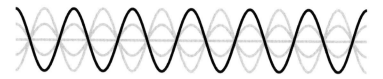

Abb. 2.2 stehende Welle

Der Satz von d'Alembert mag überraschen, denn es gibt ja nicht nur laufende, sondern auch *stehende Wellen*. Aber auch sie werden erfasst. Die Funktion

$$u(t, x) = A \sin \omega t \, \sin kx \tag{2.1}$$

mit $A, k, \omega > 0$ erfüllt, wie man unmittelbar nachrechnet, die Wellengleichung mit

$$c = \frac{\omega}{k}.$$

Es handelt sich um eine stehende harmonische Welle mit festen Nullstellen (Wellenknoten) $x_z = 2\pi z/k, z \in \mathbb{Z}$, und zeitlich variabler Amplitude $A \sin \omega t$ (Abb. 2.2).

Wir stellen u als Überlagerung zweier laufender Wellen dar. Es gilt

$$
\begin{aligned}
\sin \omega t \, \sin kx &= \frac{1}{2i}(e^{i\omega t} - e^{-i\omega t}) \frac{1}{2i}(e^{ikx} - e^{-ikx}) \\
&= \frac{1}{4}(e^{i(\omega t - kx)} + e^{-i(\omega t - kx)}) - \frac{1}{4}(e^{i(\omega t + kx)} + e^{-i(\omega t + kx)}) \\
&= \frac{1}{2} \cos(\omega t - kx) - \frac{1}{2} \cos(\omega t + kx)
\end{aligned}
$$

und wir erhalten $u(t, x) = f(ct - x) + g(ct + x)$ mit

$$f(x) = -g(x) = \frac{A}{2} \cos kx.$$

2.3 Physikalische Modelle der Wellengleichung

Die Bedeutung der Wellengleichung besteht wesentlich in ihren vielfältigen physikalischen Anwendungen. Die folgenden Fälle sind speziell für das Verständnis von Saiten- und von Blasinstrumenten von Interesse.

Schwingende Saiten Wir betrachten eine eingespannte, schwingende Saite und schreiben

$u(t, x) = $ Auslenkung der Saite zur Zeit t an der Stelle x aus der Ruhelage.

Unter der Annahme, dass die Saite homogen und völlig biegsam ist, beschreibt dann (in erster, sehr guter Näherung) die Gleichung

Abb. 2.3 Kräfte an der
eingespannten Saite

$$u_{tt} = c^2 u_{xx} \qquad\qquad (2.2)$$

die Bewegung der Saite, mit einer Konstante $c > 0$.

Diese Gleichung ist nicht schwer zu verstehen (Abb. 2.3). Wenn die Saite gekrümmt ist, übt sie auf sich selbst Kräfte aus. Naheliegend ist hier die Annahme, dass an jeder Stelle x der Saite quer eine Kraft ansetzt, deren Größe proportional zur Krümmung der Saite an dieser Stelle ist. Die Krümmung zum Zeitpunkt t erfasst man bei kleiner Auslenkung der Saite sehr genau durch der zweiten partiellen Ableitung $u_{xx}(t, x)$. Im konvexen Fall ist sie positiv, wie auch die Richtung der induzierten Kraft, und im konkaven Fall negativ.

Diese Kraft an der Stelle x beschleunigt dort die Saite. Definitionsgemäß ist diese Beschleunigung zum Zeitpunkt t gleich $u_{tt}(t, x)$, der zweiten Ableitung nach t. Nach dem Newtonschen Gesetz ist sie proportional zur einwirkenden Kraft. Insgesamt sind also u_{tt} und u_{xx} proportional mit einem positiven Proportionalitätsfaktor, den wir mit Blick auf den Satz von d'Alembert als c^2 schreiben. Damit ist die Bewegungsgleichung (2.2) motiviert.

Um auch eine Formel für c zu erhalten, wollen wir diese Überlegung noch präzisieren. Da die Saite unter Spannung steht, greifen an jeder Stelle x der Saite zwei Kräfte derselben Größe $\kappa > 0$ an, die längs der Tangente in entgegengesetzte Richtungen wirken. Wir betrachten die nach links zeigende Kraft und ihre vertikale Komponente $p(t, x)$ (siehe Abb. 2.4). Mithilfe des Pythagoras ergibt sich

$$p = -\kappa \frac{u_x}{\sqrt{1 + u_x^2}}. \qquad\qquad (2.3)$$

Ist u eine C^2-Funktion, so folgt erstens

$$p_x = -\kappa \frac{u_{xx}}{(1 + u_x^2)^{3/2}}.$$

Da man Situationen vor Augen hat, in denen u_x minimale Werte aufweist, geht man hier zu der Gleichung

$$p_x = -\kappa u_{xx}$$

Abb. 2.4 Die Spannkraft

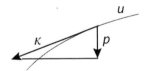

über. Zweitens greifen auf das Saitenstück zwischen zwei benachbarten Stellen $x_- < x_+$ nach rechts und links zwei Kräfte der Größe κ an, die aber aufgrund der Krümmung nicht genau entgegengesetzt wirken. Vertikal resultiert eine Kraft der Größe $p(t, x_-) - p(t, x_+)$. Nach dem Newton'schen Gesetz „Kraft gleich Masse mal Beschleunigung" folgt

$$p(t, x_-) - p(t, x_+) \approx (\rho \Delta x) u_{tt}.$$

Dabei ist $\rho \Delta x$ (approximativ) die Masse des Saitenstücks, mit $\Delta x = x_+ - x_-$ und mit der Materialdichte ρ, die sich gemäß $\rho = m/\ell$ aus der Masse m und der Länge ℓ der Saite berechnet. Der Grenzübergang $x_-, x_+ \to x$ führt zu

$$p_x = -\rho u_{tt}.$$

In Kombination der beiden Gleichungen für p_x folgt

$$u_{tt} = -\frac{1}{\rho} p_x = \frac{\kappa}{\rho} u_{xx}$$

und also (2.2) mit

$$c = \sqrt{\frac{\kappa}{\rho}}.$$

▶ **Bemerkung** Für die Geschwindigkeit

$$v = u_t \tag{2.4}$$

folgt aus (2.3) ganz analog $p_t = -\kappa u_{xt} = -\kappa u_{tx}$ und also

$$p_t = -\kappa v_x \quad \text{sowie} \quad p_x = -\rho v_t. \tag{2.5}$$

Dieses Gleichungspaar wird uns weiter beschäftigen.

Schwingende Luftsäulen Druckschwankungen, die wellenartig die Luft oder allgemeiner ein kompressibles Fluid (ein Gas oder eine Flüssigkeit) durchlaufen, manifestieren sich als Schall. Hier betrachten wir die Ausbreitung von Schall in einer Röhre von konstantem Durchmesser, die man in erster Näherung als ein eindimensionales Objekt betrachtet. Wir nehmen also an, dass sich das Fluid in der Röhre nur in Richtung der Röhrenenden (in Abb. 2.5 horizontal) bewegt und dass physikalische Größen auf jedem senkrechten Schnitt Q durch die Röhre einen festen Wert annehmen und damit neben dem Zeitpunkt t nur von der Stelle x abhängig sind, an der sich der Querschnitt befindet. Natürlich vernachlässigt dieses ideale Bild Effekte wie etwa die Reibung des Fluids an der Röhrenwand.

Abb. 2.5 zylindrische Röhre

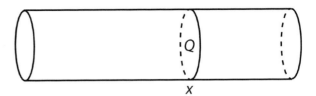

x

Für die quantitative Analyse führt man zwei Größen ein, den Schalldruck p und die Schallschnelle v.

Der *Schalldruck* $p(t, x)$ ist die mit dem Schall aufgebaute Abweichung des momentanen Drucks zur Zeit t an der Stelle x vom statischen Druck. Darin kommen Schwankungen der Dichte des Mediums um ihren mittleren Wert ρ zum Ausdruck.

Die *Schallschnelle* $v(t, x)$ gibt an, mit welcher Geschwindigkeit das Fluid zur Zeit t an der Stelle x fließt. Würden sich dort die einzelnen Fluidpartikel alle identisch verhalten, so wäre $v(t, x)$ gerade ihre gemeinsame Geschwindigkeit. Diese Vorstellung ist aber im allgemeinen verfehlt. Die Fluidteilchen bewegen sich erratisch und uneinheitlich, und eine diesen Fluktuationen überlagerte Gesamtbewegung des Fluids wird sich erst für ein ausreichend großes Teilchenpaket feststellen lassen. So werden einzelne Partikel den Querschnitt Q durch die Röhre an der Stelle x in beide Richtungen passieren, dies muss sich aber nicht gänzlich ausgleichen und kann in der Gesamtbilanz zu einer Verschiebung von Fluidsubstanz durch den Querschnitt führen. Die Schallschnelle $v(t, x)$ misst die Geschwindigkeit dieser Verschiebung. Sie gibt an, dass die Änderung des Massenanteils rechts von x während eines kleinen Zeitintervalls der Länge Δt approximativ den Wert $\rho S v(t, x) \Delta t$ hat, wobei S den Flächeninhalt von Q bezeichnet. Das Vorzeichen von v gibt die dominante Bewegungsrichtung der Partikel an. So gewinnen zwar nicht die Fluidpartikel, wohl aber das Fluid lokal eine Geschwindigkeit. – Die Schallschnelle ist eine variable Größe und nicht mit der Schallgeschwindigkeit c zu verwechseln, welche ihrerseits die konstante Geschwindigkeit angibt, in der Wellen das Fluid durchlaufen.

Die beiden Größen p und v sind durch zwei Gleichungen miteinander verknüpft. Um diese verständlich zu machen, betrachten wir das Zusammenspiel von p und v an zwei benachbarten Querschnitten (Abb. 2.6). Dabei lassen wir im Vorgriff auf kommende Anwendungen den Flächeninhalt $S(x)$ des Schnittes Q an der Stelle x in der Notation jetzt auch schon von der Variablen x abhängen.

Abb. 2.6 Schallschnelle in einer Röhre

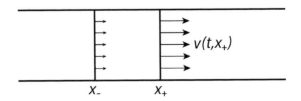

Wir setzen zwei Querschnitte Q_- und Q_+ im Abstand $\Delta x > 0$ an die Stellen $x_- = x - \frac{1}{2}\Delta x$ und $x_+ = x + \frac{1}{2}\Delta x$. In die Scheibe zwischen Q_- und Q_+ fließt während eines kleinen Zeitintervalls von t bis $t + \Delta t$ links und rechts Fluidmasse hinein oder hinaus, wodurch sich die Masse der Scheibe approximativ um den Betrag

$$\rho S(x_-)v(t, x_-)\Delta t - \rho S(x_+)v(t, x_+)\,\Delta t \approx -\rho (Sv)_x(t, x)\Delta x\,\Delta t$$

ändert. Geteilt durch ihr Volumen $S(x)\Delta x$ erhalten wir den Wert $-\rho(Sv)_x(t, x)\Delta t/S(x)$, um den sich die Dichte bei x approximativ verändert. Dies geht mit einem proportionalen Wechsel des Schalldrucks einher,

$$p(t + \Delta t, x) - p(t, x) \approx -\kappa \frac{(Sv)_x(t, x)\Delta t}{S(x)},$$

mit einem Faktor $\kappa > 0$, dem *Kompressionsmodul* des Fluids. Er gibt Auskunft über den Widerstand, den das Fluid gegen Kompression leistet (die Physiker können ihn genau bestimmen). Im Grenzübergang Δx, Δt gegen 0 entsteht die Formel

$$Sp_t = -\kappa (Sv)_x. \tag{2.6}$$

Diese *Kontinuitätsgleichung* drückt also aus, dass keine Masse verlorengeht. Für eine zylindrische Röhre ist $S(x)$ konstant, und die Formel (2.6) vereinfacht sich zu der Gleichung

$$p_t = -\kappa v_x. \tag{2.7}$$

Weiter hat eine Abweichung zwischen den beiden benachbarten Schalldrücken $p(t, x_-)$ und $p(t, x_+)$ die Wirkung einer Kraft auf die zwischen Q_- und Q_+ befindliche Fluidscheibe, die auch proportional zu S ist und in Richtung des niedrigeren Drucks weist. In Analogie zum Newtonschen Gesetz „Kraft gleich Masse mal Beschleunigung" hat man

$$-S\big(p(t, x_+) - p(t, x_-)\big) \approx \rho S\Delta x \cdot v_t(t, x),$$

und mit $\Delta x \to 0$ folgt

$$p_x = -\rho v_t. \tag{2.8}$$

Die Formel heißt *Eulergleichung*, detailliertere Ableitungen finden sich in Lehrbüchern der Physik.

In Kombination der Gl. (2.7) und (2.8) folgt für C^2-Funktionen p und v

$$p_{tt} = -\kappa v_{xt} = -\kappa v_{tx} = \kappa \rho^{-1} p_{xx}.$$

Abb. 2.7 konische Röhre

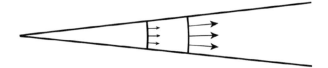

Also erfüllt der Schalldruck in zylindrischen Röhren die Wellengleichung

$$p_{tt} = c^2 p_{xx} \tag{2.9}$$

mit $c := \sqrt{\kappa/\rho}$.

Luftschwingungen in konischen Röhren Zylindrische Röhren eignen sich als erstes Modell für Flöten oder Klarinetten, aber nicht für Blasinstrumente mit einer kegelförmigen Bohrung, wie Oboen oder das Saxophon. Wir wenden uns also Luftschwingungen in einer konischen Röhre zu. Nun nehmen wir an, dass das Fluid radial fließt, weg von oder hin zur Kegelspitze. An die Stelle der Querschnitte aus dem letzten Abschnitt treten Kugelkappen mit Zentrum in der Kegelspitze. Indem wir in erster Näherung annehmen, dass der Schalldruck wie auch die Schallschnelle auf jeder dieser Kappen einen festen Wert annehmen, sind diese Größen neben der Zeit t nur vom Radius r der Kugeln abhängig (Abb. 2.7).

In dieser Konstellation erfüllt der Schalldruck nicht mehr die eindimensionale Wellengleichung, dennoch kommt sie wieder ins Spiel. Nun liegt für die Fläche $S(r)$ der Kuppelkappe eine Abhängigkeit von r vor, wie wir dies in den Gl. (2.6) und (2.8) schon vorgesehen haben, dabei übernimmt der Radius r die Rolle der Variablen x. Kombination dieser beiden Gleichungen ergibt, da S nicht von t abhängt, für C^2-Funktionen die Formel

$$S p_{tt} = -\kappa (Sv)_{rt} = -\kappa (S_r v_t + S v_{tr}) = \kappa \rho^{-1} (S_r p_r + S p_{rr})$$

oder

$$p_{tt} = c^2 \left(p_{rr} + p_r \frac{S_r}{S} \right)$$

mit $c := \sqrt{\kappa/\rho}$.

Für

$$q(t,r) := p(t,r)\sqrt{S(r)}$$

erhalten wir

$$q_{tt} = p_{tt}\sqrt{S} = c^2 \left(p_{rr}\sqrt{S} + p_r \frac{S_r}{\sqrt{S}} \right) = c^2 \left((p\sqrt{S})_{rr} - p(\sqrt{S})_{rr} \right)$$

und damit

$$q_{tt} = c^2 (q_{rr} - Fq) \quad \text{mit} \quad F := \frac{(\sqrt{S})_{rr}}{\sqrt{S}}.$$

Für die konische Röhre gilt $S(r) = r^2 S(1)$, sodass $\left(\sqrt{S}\right)_{rr}$ und F verschwinden – hier kommt die Dimension 3 des Raumes ins Spiel! Also löst nun q die Wellengleichung

$$q_{tt} = c^2 q_{rr}. \qquad (2.10)$$

Dies ist ein glücklicher Umstand, der es erlaubt, auch für die Ausbreitung von Wellen in konischen Röhren auf den Satz von d'Alembert zurückzugreifen. Bevor wir dies ausführen, klären wir das Lösungsverhalten von Wellen an Rändern.

2.4   Rand- und Anfangsbedingungen

Die Gestalt einer Lösung $u : (0, \infty) \times (a, b) \to \mathbb{R}$ der Gleichung $u_{tt} = c^2 u_{xx}$ ist weitgehend durch ihr Verhalten an Randpunkten ∂ des Intervalls (a, b) bestimmt (also $\partial \in \{a, b\}, \partial \neq \pm\infty$). Mit Blick auf Musikinstrumente konzentrieren wir uns hier auf zwei Randbedingungen:

$$Dirichlet - Randbedingung : \quad u(t, \partial) = 0 \ \text{ für alle } \ t \geq 0,$$

$$Neumann - Randbedingung : \quad u_x(t, \partial) = 0 \ \text{ für alle } \ t \geq 0.$$

Erst überzeugen wir uns, dass die beiden Bedingungen für Wellen u wohlbestimmte Forderungen sind, auch wenn wir u auf dem Rand ja noch gar nicht definiert haben. Dies ergibt sich aus der Darstellung

$$u(t, x) = f(ct - x) + g(ct + x)$$

mit C^2-Funktionen $f : (-b, \infty) \to \mathbb{R}$, $g : (a, \infty) \to \mathbb{R}$ nach dem Satz von d'Alembert. Sie erlaubt, die Lösung u erst einmal für $t > 0$ glatt auf alle Randpunkte (t, ∂) fortzusetzen, gemäß der Formel

$$u(t, \partial) := f(ct - \partial) + g(ct + \partial), \quad t > 0, \qquad (2.11)$$

denn dann gilt $ct - \partial > -b$ und $ct + \partial > a$. Die in den Randbedingungen genannten Größen $u(t, \partial)$ bzw. $u_x(t, \partial)$ sind also zunächst für $t > 0$ wohldefiniert.

Mit (2.11) ergibt die Dirichlet-Randbedingung nun für $t > 0$

$$f(ct - \partial) = -g(ct + \partial).$$

Im Falle $\partial = b$ ist in dieser Gleichung die rechte Seite auch an der Stelle $t = 0$ wohlbestimmt. Mithilfe von g können wir also links f im Limes $t \to 0$ als C^2-Funktion nach $-b$ fortsetzen, und es ergibt sich $u(0, \partial) = f(-\partial) + g(\partial) = 0$. Im Fall $\partial = a$ hilft umgekehrt die Glattheit von f, um g glatt auf a zu erweitern. Insgesamt erweist sich die Dirichlet-Randbedingung als zu der Forderung

$$f(x - \partial) + g(x + \partial) = 0, \quad x \geq 0, \tag{D}$$

äquivalent.

Für die Neumann-Randbedingung gilt Analoges. Zunächst erhalten wir aus $u_x(t, \partial) = 0$ und aus (2.11) für $t > 0$ die Gleichungen

$$f'(ct - \partial) = g'(ct + \partial)$$

bzw. $f(ct - \partial) = g(ct + \partial) + d$, mit einer Integrationskonstanten $d \in \mathbb{R}$. Nun ist es diese Gleichung, mit deren Hilfe sich f oder g glatt in Randpunkte ∂ fortsetzen lässt, und es folgt $u_x(0, \partial) = -f'(-\partial) + g'(\partial) = 0$. Die Neumann-Randbedingung ist damit gleichwertig zu der Forderung, dass eine Konstante $d \in \mathbb{R}$ existiert, sodass

$$f(x - \partial) - g(x + \partial) = d, \quad x \geq 0, \tag{N}$$

gilt.

Spiegelung an den Rändern Um die Bedingungen (D) und (N) auch anschaulich zu verstehen, betrachten wir nun den Fall eines einseitig unendlichen Intervalls I.

Für das Intervall $I = (0, \infty)$ lautet Dirichlet-Randbedingung (D) im Randpunkt $\partial = 0$

$$g(x) = -f(x), \quad x \geq 0,$$

mit Funktionen $f : (-\infty, \infty) \to \mathbb{R}, g : (0, \infty) \to \mathbb{R}$. Der linkslaufende Anteil der Welle ist durch $g(ct + x)$ erfasst, und f beschreibt eine auf der gesamten reellen Achse rechtslaufende Welle, die auf dem negativen Abschnitt virtuell existiert und erst beim Randpunkt 0 real in Erscheinung tritt. Der virtuelle Anteil entsteht aus g in zwei Schritten. Die Dirichlet-Randbedingung überträgt $g(ct + x)$ in $f(ct + x)$ durch eine Spiegelung an der Abszisse. Weiter ergibt sich die rechtslaufende Welle $f(ct - x)$ aus $f(ct + x)$ durch Spiegelung am Ursprung. Auf diese Weise entsteht die virtuelle Wellenbewegung aus der linkslaufenden Welle $g(ct + x)$ durch zwei Spiegelungen, was auf eine Punktspiegelung am Ursprung hinausläuft (Abb. 2.8). Die virtuelle Welle tritt aus dem Randpunkt 0 hervor und überlagert sich mit der rechtslaufenden Welle, die ihrerseits am Nullpunkt entschwindet. Im Gesamtresultat wird die Welle in 0 reflektiert und kehrt dabei ihre Richtung wie auch ihr Vorzeichen um.

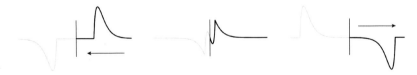

Abb. 2.8 Reflexion am Dirichletrand

Abb. 2.9 Reflexion am Neumannrand

Zweitens betrachten wir für $I = (0, \infty)$ die Neumann-Randbedingung

$$g(x) = f(x), \quad x \geq 0.$$

Das Resultat ist ganz ähnlich wie unter der Dirichlet-Randbedingung, wobei die erste Spiegelung wegfällt.

Erneut kommt es für eine linkslaufende Welle zu einer Überlagerung mit einer virtuellen rechtslaufenden Welle, die nun aber spiegelsymmetrisch auf 0 zuläuft. Wieder wird die Welle in 0 reflektiert, nun wechselt sie jedoch nicht mehr ihr Vorzeichen (Abb. 2.9).

Der Fall $I = (0, \infty)$ ist auch der Schlüssel zum Verständnis von Wellen u auf einem endlichen Intervall $I = (0, \ell)$, $\ell > 0$. Unter den Dirichlet-Randbedingungen

$$u(t, 0) = u(t, \ell) = 0, \quad t \geq 0$$

wird eine linkslaufende Welle in 0 reflektiert, dabei wechselt sie ihr Vorzeichen. Sie läuft dann nach rechts, bis sie ℓ erreicht und erneut reflektiert und gespiegelt wird, siehe Abb. 2.10. Nachdem sie eine Strecke der Länge 2ℓ passiert hat, ist sie an ihre Startposition zurückgekehrt. Die verstrichene Zeit ist bei einer Geschwindigkeit c gleich $2\ell/c$, dann beginnt der Vorgang von neuem. Genauso verhält es sich mit einer anfangs rechtslaufenden Welle, sodass ein periodischer Verlauf mit Periodendauer $T = 2\ell/c$ entsteht. Auch sind die rechtslaufenden Wellen die reflektierten linkslaufenden Wellen und umgekehrt.

Die Situation verändert sich im Fall

$$u(t, 0) = u_x(t, \ell) = 0,$$

falls wir also am rechten Intervallende zur Neumann-Randbedingung wechseln. Dann wird die reflektierte Welle dort nicht mehr gespiegelt, und wir erhalten eine Entwicklung, wie sie in

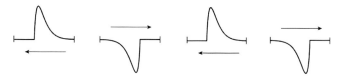

Abb. 2.10 zwei Dirichletränder

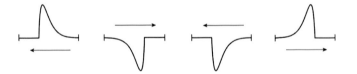

Abb. 2.11 Dirichlet- und Neumannrand

Abb. 2.11 dargestellt ist. Erst nach viermaligem Durchlaufen des Intervalls $[0, \ell]$ beginnt der Vorgang von vorn. Wir haben erneut einen periodischen Wellenverlauf, die Periodendauer ist nun aber $T = 4\ell/c$.

In Formeln drückt sich das folgendermaßen aus.

Proposition 2.2 *Sei $u : (0, \infty) \times (0, \ell) \to \mathbb{R}$ mit $0 < \ell < \infty$ eine C^2-Lösung der Wellengleichung. Dann gilt:*

(i) *Es genügt u den Randbedingungen*

$$u(t, 0) = u(t, \ell) = 0 , \quad t \geq 0,$$

genau dann, wenn es eine C^2-Funktion $h : \mathbb{R} \to \mathbb{R}$ mit der Eigenschaft

$$h(x + 2\ell) = h(x) , \quad x \in \mathbb{R},$$

gibt, sodass für $0 < x < \ell$ und $t > 0$

$$u(t, x) = h(ct + x) - h(ct - x)$$

gilt.

(ii) *Es genügt u den Randbedingungen*

$$u(t, 0) = u_x(t, \ell) = 0 , \quad t \geq 0,$$

genau dann, wenn es eine C^2-Funktion $h : \mathbb{R} \to \mathbb{R}$ mit der Eigenschaft

$$h(x + 2\ell) + h(x) = d , \quad x \in \mathbb{R},$$

mit $d \in \mathbb{R}$ gibt, sodass für $0 < x < \ell$ und $t > 0$

$$u(t, x) = h(ct + x) - h(ct - x)$$

gilt. h erfüllt dann $h(x + 4\ell) = h(x)$, $x \in \mathbb{R}$.

In beiden Fällen ist h bis auf eine additive Konstante eindeutig.

Beweis Wir schreiben wie im Satz von d'Alembert $u(t, x) = f(ct - x) + g(ct + x)$ mit Funktionen $f : (-\ell, \infty) \to \mathbb{R}$ und $g : (0, \infty) \to \mathbb{R}$. Die Bedingung $u(t, 0) = 0, t \geq 0$, geht in die Forderung $f(ct) = -g(ct)$ für alle $t \geq 0$ über. Damit ist g vollständig durch f bestimmt und es folgt

$$u(t, x) = f(ct - x) - f(ct + x).$$

Die zusätzliche Randbedingung $u(t, \ell) = 0$ übersetzt sich in die Gleichung $f(ct - \ell) = f(ct + \ell)$ für alle $t \geq 0$. Damit wird f zu einer 2ℓ-periodische Funktion. Definieren wir also $h : \mathbb{R} \to \mathbb{R}$ als diejenige 2ℓ-periodische Funktion, die $h(x) = -f(x)$ für $x > -\ell$ erfüllt, so folgt die Darstellung von u wie in (i) angegeben.

Ähnlich überträgt sich die zusätzliche Randbedingung $u_x(t, \ell) = 0$ in die Gleichung $-f'(ct - \ell) - f'(ct + \ell) = 0$ bzw. in $f(x) + f(x + 2\ell) = d, x > -\ell$, mit einer Konstanten d. Auch hier setzen wir $h(x) = -f(x)$ für $x > -\ell$.

Umgekehrt berechnen sich aus den Darstellungen von u aus (i) oder (ii) direkt die angegebenen Randbedingungen. Die Eindeutigkeit von h ergibt sich ebenfalls aus dem Satz von d'Alembert, womit der Beweis beendet ist. $\qquad\square$

Anwendung auf Instrumente Musikinstrumente realisieren periodische Schwingungen u wie in Proposition 2.2 charakterisiert. Dabei kommen sowohl die Dirichlet- wie die Neumann-Randbedingung zum Zuge.

(i) Eine Klavier- oder Geigensaite ist an ihren Enden fixiert, in der mathematischen Beschreibung ihrer Schwingungen (2.2) ist daher beidseitig die Dirichlet-Randbedingung adäquat (vgl. aber Kap. 5). Die Saite schwingt periodisch mit der Frequenz $c/2\ell$, wobei ℓ die Saitenlänge und c die Geschwindigkeit ist, mit der sich Wellen auf der Saite fortbewegen. Der Korpus des Instruments überführt diese Schwingungen in periodische Oszillationen des Luftdrucks, die ihrerseits vom Gehör als Ton wahrgenommen werden. Für die Geige werden wir das noch genauer darstellen.

(ii) Bei Holzbläsern ist der Schalldruck p die musikalisch relevante Größe, er wirkt direkt auf das Gehör. Die Flöte lässt sich akustisch gesehen als eine an beiden Enden offenen, zylindrischen Röhre betrachten, in der durch Anblasen der Druck gemäß (2.9) ins Schwingen gerät. An den offenen Enden sind im Kontakt mit der Außenluft in erster Näherung keine Druckschwankungen mehr möglich (vgl. abermals Kap. 5), daher kommt auch hier die beidseitige Dirichlet-Randbedingung zum Tragen. Es entstehen periodische Oszillationen des Drucks p mit der Frequenz $c/2\ell$, wobei ℓ die akustische Länge der Flöte (die durch das Öffnen ihrer Löcher verändert werden kann) und c die Schallgeschwindigkeit ist. An den Röhrenenden werden die Druckwellen reflektiert, dabei wechselt, wie oben für die Dirichlet-Randbedingung ganz allgemein festgestellt, der Schalldruck sein Vorzeichen. Unsere Rechnungen sagen also voraus, dass eine auf das linke Ende zulaufende Überdruckwelle nach der Reflexion zu einer rechtslaufenden Unterdruckwelle wird. Man stelle sich das so vor, dass beim Austritt aus der Öffnung die Luftpartikel keinerlei Beschränkung mehr erfahren und ins Freie schießen, wobei in ihrem Rücken ein Unterdruck entsteht, der sich seinerseits in die Röhre als Welle fortpflanzt. Abb. 2.12 skizziert den Verlauf.

Abb. 2.12 Reflexion am
offenen Röhrenende

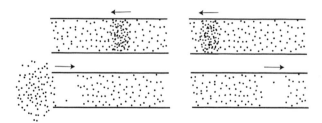

(iii) Auch die Klarinette stellt eine zylindrische Röhre dar, die nun aber nur ein offenes
Ende hat und am Mundstück geschlossen ist. Hier kommt die Schallschnelle v zur Ruhe,
d. h. es gilt dort $v_t = 0$. Die Eulergleichung (2.8) impliziert $p_x = 0$. Für die mathematische
Beschreibung bedeutet dies, dass man für das offene Ende die Dirichlet-Randbedingung,
für das geschlossene Ende aber die Neumann-Randbedingung ansetzt. Auch die Klarinette
erzeugt periodische Druckschwankungen, nun aber gemäß Proposition 2.2 (ii) mit Frequenz
$c/4\ell$. Das erklärt, warum die Klarinette im Vergleich zur Flöte bei gleicher Länge eine Oktave
tiefer ertönt. Ihr Klang wird auch als „hohl" bezeichnet, und tatsächlich umschließt die
Klarinette, anders als die Flöte, einen Hohlraum. Die Reflexion von Wellen am offenen Ende
funktioniert wie eben bei der Flöte beschrieben, am geschlossenen Ende bleiben dagegen
Überdruckwellen bei der Reflexion als solche erhalten.

(iv) Die Oboe wie auch das Saxophon besitzen eine konische Bohrung, hier erfüllt
$q(t, r) := r p(t, r)$ gemäß (2.10) die Wellengleichung. Nun ist wieder die beidseitige
Dirichlet-Randbedingung adäquat, am offenen Ende aus dem schon genannten Grund, und
am geschlossenen Ende bei der Kegelspitze, da bei $r = 0$ der Faktor r die Funktion q auf
0 bringt (eine physikalische Begründung geben wir später im Abschnitt über Kugelwellen, siehe Formel (2.33)). Damit erlaubt die Oboe periodische Druckschwankungen gemäß
(2.10), die wie bei der Flöte die Frequenz $c/2\ell$ haben. Oboe und Flöte erklingen bei gleicher Länge des Instruments in gleicher Höhe. Auch werden Druckwellen an den Enden
entsprechend reflektiert. Insbesondere geht dabei an der Kegelspitze eine Überdruckwelle
in eine Unterdruckwelle über, ein Verhalten, das sich der Anschauung nicht mehr so leicht
erschließt.

Anfangsbedingungen Im Einzelfall bleibt die Aufgabe, die Funktion h aus Proposition
2.2 auf dem Intervall $(-\ell, \ell)$ zu bestimmen. Dies kann durch *Anfangsbedingungen* zum
Zeitpunkt $t = 0$ geschehen, nämlich durch Angabe der Funktionen

$$\varphi(x) := u(0, x), \quad \psi(x) := u_t(0, x), \quad 0 < x < \ell.$$

Dann folgt

$$h(x) - h(-x) = \varphi(x), \; c h'(x) - c h'(-x) = \psi(x), \tag{2.12}$$

womit sich h vollständig bestimmen lässt (siehe die Aufgaben).

Der Fall, dass das schwingende System sich anfangs in Ruhe befindet, dass also $\psi(x) = 0$ für alle $0 \leq x \leq \ell$ gilt, ist für uns von besonderem Interesse. Dann folgt aus (2.12) durch Integration $h(x) + h(-x) = d$, mit einer Konstanten d. Setzen wir noch o.B.d.A $h(0) := 0$, so folgt $d = 0$ und damit $h(x) + h(-x) = 0$ für alle x. Zusammen mit der ersten Anfangsbedingung ergibt sich

$$h(x) = -h(-x) = \frac{1}{2}\varphi(x), \ 0 \leq x \leq \ell. \tag{2.13}$$

Wir werden sofort eine Anwendung dieser Formel kennenlernen.

2.5 Schwingende Saiten

Schwingende Saiten bieten interessante Beispiele für explizite Lösungen der Wellengleichung. Hier ist es günstig, den bisherigen Rahmen von C^2-Lösungen der Wellengleichung leicht zu erweitern. Wie in Proposition 2.2 (i) betrachten wir Wellenverläufe

$$u(t, x) = h(ct + x) - h(ct - x)$$

auf dem Intervall $(0, \ell)$ mit einer 2ℓ-periodischen Funktion h, die nun aber an einzelnen Stellen nicht mehr differenzierbar zu sein braucht. Wir haben damit wieder Saiten der Länge ℓ im Blick, die an beiden Enden fixiert sind, und entfernen uns dabei nicht allzuweit von dem bisherigen konzeptuellen Rahmen: Die Welle u haben wir weiterhin als die Summe einer linkslaufenden und einer rechtslaufenden Welle dargestellt, und in den Punkten (t, x), an denen h an den Stellen $ct + x$ und $ct - x$ zweimal stetig differenzierbar ist, ist offenbar weiterhin die Wellengleichung erfüllt. Im Anhang zu diesem Kapitel werden wir erläutern, wie man darüber hinaus u als Lösung der Wellengleichung in einem schwachen Sinne auffasst.

Die gezupfte Saite Wir nehmen an, dass die Saite an der Stelle $z \in (0, \ell)$ gezupft wird. Anfangs ruht sie und hat in ihrer Anfangslage $u(x, 0) = \varphi(x)$ eine Dreiecksgestalt mit einem Zacken an der Stelle z. Gemäß der Gl. (2.13) überträgt sich die Gestalt auf die Funktion $h = h_z$ (hier ist z als Index zu verstehen, und nicht als partielle Ableitung). Dies lässt sich bis auf einen konstanten Faktor in der Gleichung

$$h_z(x) = \begin{cases} -z(\ell + x) & \text{für } x \in [-\ell, -z], \\ (\ell - z)x & \text{für } x \in [-z, z], \\ z(\ell - x) & \text{für } x \in [z, \ell] \end{cases} \tag{2.14}$$

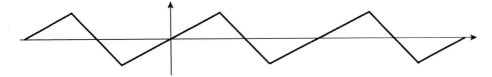

Abb. 2.13 Die Funktion h_z

ausdrücken. Fortgesetzt mit Periode 2ℓ ist die Funktion h_z ungerade und hat einen Zickzack-verlauf wie in Abb. 2.13, sie setzt sich aus Geradenstücken zusammen, mit abwechselnden Steigungen der Größe $\ell - z$ und $-z$ sowie Knicken an den Stellen $\pm z + 2a\ell$, $a \in \mathbb{Z}$.

Damit ist die Schwingung in der Formel $u(t, x) = h_z(ct + x) - h_z(ct - x)$ analytisch erfasst. Um den zeitlichen Verlauf auch anschaulich zu beschreiben, betrachten wir erstens die Steigung von $u(t, x)$ an den Stellen 0 und ℓ. Es gilt $u_x(t, x) = h'_z(ct + x) + h'_z(ct - x)$, folglich

$$u_x(t, 0) = 2h'_z(ct) = \begin{cases} 2(\ell - z) & \text{für } 0 \le ct < z, \\ -2z & \text{für } z < ct < 2\ell - z, \\ 2(\ell - z) & \text{für } 2\ell - z < ct \le 2\ell, \end{cases} \tag{2.15}$$

$$u_x(t, \ell) = 2h'_z(ct + \ell) = \begin{cases} -2z & \text{für } 0 \le ct < \ell - z, \\ 2(\ell - z) & \text{für } \ell - z < ct < \ell + z \\ -2z & \text{für } \ell + z < ct \le 2\ell. \end{cases} \tag{2.16}$$

Zweitens sind für $u(t, x)$ zu einem vorgegebenem Zeitpunkt t Knicke an den Stellen $\pm z + 2a\ell - ct$ sowie $\pm z + 2b\ell + ct$, $a, b \in \mathbb{Z}$ möglich. Davon können höchstens zwei im Intervall $(0, \ell)$ liegen. (So schließen sich die beiden Bedingungen $0 < z + 2a\ell - ct < \ell$ und $0 < -z + 2b\ell + ct < \ell$ gegenseitig aus.) Dort besteht die Welle also aus höchstens drei Geradenstücken. Für deren Steigungen sind die drei Werte $-2z$, $\ell - 2z$ oder $2\ell - 2z$ möglich, denn h_z hat nur die beiden Steigungen $\ell - z$ und $-z$. Nach (2.15) und (2.16) sind bei kleinem t die Werte $2\ell - 2z$ und $-2z$ für die Steigungen bei 0 und ℓ vergeben, also kann das mittlere Geradenstück G, das unmittelbar nach $t = 0$ entsteht, nur die Steigung $\ell - 2z$ annehmen.

Drittens kann dieses durch Knicke begrenzte Geradenstück G erst dann wieder ver-schwinden, wenn im Intervall $(0, \ell)$ zwei Knicke der rechts- und der linkslaufenden Teil-welle aufeinandertreffen. Dabei handelt es sich um die beiden Knicke von h_z links und rechts von z an den Stellen $-z$ und $2\ell - z$. Sie begegnen sich an der Stelle $\ell - z$ zum Zeitpunkt ℓ/c, also nach Ablauf der Hälfte der Periode $T = 2\ell/c$.

Die Diskussion zeigt, dass $u(t, \cdot)$ nur den speziellen Verlauf haben kann, wie er in Abb. 2.14 dargestellt ist. Zudem laufen die Knickstellen mit Geschwindigkeit c nach links oder rechts, was den Verlauf der Schwingung vollständig festlegt. Zum Beispiel erreicht der

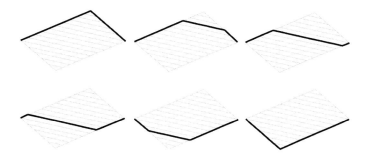

Abb. 2.14 Gezupfte Schwingung

linkslaufende Knick zum Zeitpunkt z/c den Punkt 0. In der zweiten Periodenhälfte zwischen den Zeitpunkten ℓ/c und $2\ell/c$ dreht sich der Bewegungsablauf um.

Die Helmholtzschwingung Helmholtz hat in seinem berühmten Experiment mit dem Vibrationsmikroskop (1860) entdeckt, wie eine mit einem Bogen gestrichene Saite schwingt. Die Bewegung manifestiert sich, so seine Beobachtung, in einem einzelnen Knick, der auf der Saite mit der Geschwindigkeit c hin und herläuft. Zwischen diesem „Helmholtzknick" und den beiden Saitenenden verläuft die Saite jeweils gradlinig, wie in Abb. 2.15 dargestellt. In Formeln ausgedrückt hat man für die erste Hälfte einer Periode zwischen den Zeitpunkten $t = 0$ und $t = \ell/c$ (bis auf einen konstanten Faktor) den Verlauf

$$u(t, x) = \begin{cases} (\ell - ct)x & \text{für } 0 \le x \le ct \le \ell, \\ ct(\ell - x) & \text{für } 0 \le ct \le x \le \ell. \end{cases} \tag{2.17}$$

Die Knickstelle befindet sich zur Zeit t an der Stelle $x = ct$, an anderen Stellen x gilt $u_{tt}(t, x) = 0 = u_{xx}(t, x)$, was sich mit der Wellengleichung verträgt. Am Knick hat die Saite die größte Auslenkung aus der Ruhelage. Sie ist dort gleich $u(t, ct) = (\ell - ct)ct$ und folgt in ihrem Verlauf einer Parabel.

Während der zweiten Periodenhälfte von $t = \ell/c$ bis $t = 2\ell/c$ kehrt die Welle gespiegelt zurück, mit dem Verlauf

Abb. 2.15 Helmholtzsche
Schwingung

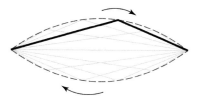

$$u(t, x) = -u(t - \ell/c, \ell - x)$$

$$= \begin{cases} (\ell - ct)x & \text{für } 0 \le x \le 2\ell - ct \le \ell, \\ (ct - 2\ell)(\ell - x) & \text{für } 0 \le 2\ell - ct \le x \le \ell. \end{cases} \tag{2.18}$$

Der Knick befindet sich nun an der Stelle $x = 2\ell - ct$. Ab dem Zeitpunkt $T = 2\ell/c$ beginnt der gesamte Vorgang von vorn, soweit die Beobachtungsergebnisse.

Wir wollen zeigen, dass Helmholtz' Funktion u wirklich eine Darstellung

$$u(t, x) = h_H(ct + x) - h_H(ct - x) \tag{2.19}$$

mit einer 2ℓ-periodischen Funktion h_H wie in Proposition 2.2 erlaubt. Aus (2.19) folgt die Gleichung $h_H(x) = u(x/(2c), x/2) + h_H(0)$. Mit (2.17) und der Wahl $h_H(0) = \ell^2/4$ folgt

$$h_H(x) = -\frac{1}{4}(x - \ell)^2 \quad \text{für } 0 \le x \le 2\ell. \tag{2.20}$$

Damit ist h_H bereits bestimmt, der Graph besteht aus aneinandergefügten Parabelbögen (Abb. 2.16).

Es bleibt, mit dieser Funktion h_H die Gl. (2.19) zu verifizieren. Dazu unterscheiden wir drei Fälle.

Fall 1: $0 \le x \le ct \le \ell$. Dann folgt $0 \le ct + x \le 2\ell$ und $0 \le ct - x \le \ell$ und damit

$$h_H(ct + x) - h_H(ct - x) = -\frac{1}{4}(ct + x - \ell)^2 + \frac{1}{4}(ct - x - \ell)^2$$
$$= (\ell - ct)x = u(t, x).$$

Fall 2: $0 \le ct \le x \le \ell$. Nun gilt $0 \le x + ct \le 2\ell$ und $-\ell \le ct - x \le 0$ und daher

$$h_H(ct + x) - h_H(ct - x) = h_H(ct + x) - h_H(ct - x + 2\ell)$$
$$= -\frac{1}{4}(ct + x - \ell)^2 + \frac{1}{4}(ct - x + \ell)^2$$
$$= ct(\ell - x)c = u(t, x).$$

Fall 3: $0 \le x \le \ell$, $\ell \le ct \le 2\ell$. Dann gilt $0 \le \ell - x \le \ell$ und $0 \le c(t - \ell/c) \le \ell$, und es folgt mittels der ersten beiden Fälle und unter Beachtung der Periodizität von h

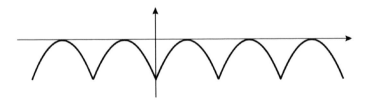

Abb. 2.16 Die Funktion h_H

$$h_H(ct + x) - h_H(ct - x) = h_H(ct + x - 2\ell) - h_H(ct - x)$$
$$= h_H\big(c(t - \ell/c) - (\ell - x)\big) - h_H\big(c(t - \ell/c) + (\ell - x)\big)$$
$$= -u(t - \ell/c, \ell - x) = u(t, x).$$

Dies beweist die Gültigkeit von (2.19).

Es bleibt die Frage, wieso gestrichene Saiten einer Helmholtzschwingung folgen. Dazu ist es wichtig, dass der Bogen nicht mitten auf der Saite anliegt, sondern an einer Stelle $b \in (0, \ell)$ nahe am Rande. Dort teilt sich die Bewegung der Helmholtzschwingung in zwei Phasen unterschiedlicher Dauer auf. Zwischen den Zeitpunkten $t_1 = b/c$ und $t_2 = (2\ell - b)/c$ befindet sich der Knickpunkt der Saite oberhalb von b. Dann bewegt sich die Saite an der Stelle b mit konstanter Geschwindigkeit $u_x(t, b) = -cb$ nach unten. In den Zeitintervallen $(0, t_1)$ und $(t_1, 2\ell/c)$ hat die Saite dagegen bei b eine Bewegung nach oben mit konstanter Geschwindigkeit $u_x(t, b) = c(\ell - b)$. Ist nun b um einiges kleiner als ℓ, so verläuft die Abwärtsbewegung viel langsamer als die Aufwärtsbewegung. Bewegt sich also der Bogen nach unten, so kann in dieser ruhigeren Phase die Saite der Bewegung des Bogens folgen, sie haftet zwischen den Zeitpunkten t_1 und t_2 an ihm, um dann abzurutschen. In der Restzeit schnellt sie gegen die Laufrichtung des Bogens zurück, und der gesamte Vorgang beginnt von vorn. Man spricht von einem *Haftgleiteffekt*. Bewegt sich der Bogen nach oben, so kehrt sich auch die Laufrichtung des Helmholzknicks um. Änderungen in der Bogengeschwindigkeit führen zu veränderten Amplituden der Schwingung, die Geschwindigkeit des Helmholtzknicks bleibt unverändert gleich c.

In dieser Weise ist die Helmholtzbewegung mit dem Bogenstrich verträglich. Die folgende Beobachtung liefert ein Argument, dass gestrichene Saiten wirklich derartig schwingen.

Die gestrichene als gezupfte Saite Wir überlagern zwei Helmholtzbewegungen u_1 und u_2, eine im Uhrzeigersinn laufend und eine gegen den Uhrzeiger. Dabei lassen wir den Knick nicht in 0 starten, sondern beide an derselben Stelle $z \in (0, \ell)$. Mit $z = ct_0$ gilt nach (2.19)

$$u_1(t, x) = h_H(c(t_0 + t) + x) - h_H(c(t_0 + t) - x).$$

Für die andere Bewegung drehen sich die Vorzeichen von t um:

$$u_2(t, x) = h_H(c(t_0 - t) + x) - h_H(c(t_0 - t) - x).$$

Für die Überlagerung $u(t, x) := u_1(t, x) + u_2(t, x)$ folgt

$$u(t, x) = h_z(ct + x) - h_z(ct - x)$$

mit

$$h_z(x) := h_H(z + x) - h_H(z - x), \ x \in \mathbb{R}.$$

Nun gilt

$$h_H(x) = \begin{cases} -\frac{1}{4}(x - \ell)^2 & \text{für } x \in [0, 2\ell], \\ -\frac{1}{4}(x + \ell)^2 & \text{für } x \in [-2\ell, 0]. \end{cases}$$

Eine kurze Rechnung mit Fallunterscheidung ergibt daher für $0 < z < \ell$

$$h_z(x) = \begin{cases} -z(\ell + x) & \text{für } x \in [-\ell, -z], \\ (\ell - z)x & \text{für } x \in [-z, z], \\ z(\ell - x) & \text{für } x \in [z, \ell]. \end{cases}$$

Dies ist die uns schon bekannte Zickzackfunktion (2.14) der gezupften Saite, die wir nun ihrerseits als Überlagerung zweier gegenläufiger Helmholzschwingungen auffassen dürfen.

Damit wird plausibel, wie für gestrichene Saiten eine Helmholtzschwingung zustande kommt: Zunächst „zupft" der Bogen die Geigensaite an, das Resultat lässt sich dann als Summe zweier Helmholtzbewegungen begreifen. Die eine wird durch die Haft- und Gleitreibung des Bogens unterstützt, die andere dagegen passt nicht zur Bewegung des Bogens und wird unterdrückt. Im Endeffekt überdauert nur eine Helmholtzschwingung. Dem liegt die Asymmetrie zugrunde, dass man die Saite nahe am Steg streicht. In der Mitte gestrichen entsteht kein brauchbarer Ton.

2.6   Planwellen und Kugelwellen

Bisher hatten wir bei Schallwellen nur den Schalldruck im Blick. Die Einbeziehung der Schallschnelle gewährt neuen Aufschluss. Wir lösen nun also das durch (2.6) und (2.8) gegebene Gleichungssystem. Dabei treten Unterschiede zwischen Planwellen und Kugelwellen zutage.

Planwellen Plane Schallwellen sind dadurch charakterisiert, dass die Schallschnelle überall im Raum parallel zu einer festen Geraden ausgerichtet ist und dass auf den dazu senkrechten Ebenen, insbesondere auch auf den Wellenfronten sowohl Schalldruck wie Schallschnelle einen festen Wert annehmen. Damit liegt eine eindimensionale Konstellation vor, wie wir sie schon für zylindrische Röhren angenommen hatten. Man kann sich vorstellen, dass man in eine Planwelle in Laufrichtung eine offene Röhre (mit verschwindend kleiner Wanddicke) einbringt, ohne dabei die Wellenbewegung zu stören. Wir haben es bei Planwellen also mit dem Gleichungssystem (2.7) und (2.8) zu tun, das wir nun mithilfe des Satzes von d'Alembert lösen.

Satz 2.3 *Seien p, v stetig differenzierbare Funktionen auf dem Definitionsbereich* $(0, \infty) \times (a, b)$, *die*

$$p_x = -\rho v_t, \quad p_t = -\kappa v_x \qquad (2.21)$$

mit Konstanten $\rho, \kappa > 0$ erfüllen. Dann gilt mit zwei stetig differenzierbaren Funktionen $f : (-b, \infty) \to \mathbb{R}$ und $g : (a, \infty) \to \mathbb{R}$ und mit $c := \sqrt{\kappa/\rho}$

$$p(t, x) = \kappa f(ct - x) + \kappa g(ct + x) ,$$
$$v(t, x) = cf(ct - x) - cg(ct + x) . \qquad (2.22)$$

Beweis Aufgrund der ersten Gleichung aus (2.21) und der nachfolgenden Proposition gibt es eine C^2-Funktion ϕ in den Variablen x und t, sodass

$$\phi_x = v, \quad \phi_t = -\rho^{-1} p \qquad (2.23)$$

gilt. Zusammen mit der zweiten Gleichung aus (2.21) ergibt dies

$$\phi_{tt} = -\rho^{-1} p_t = \rho^{-1} \kappa v_x = c^2 \phi_{xx}.$$

ϕ erfüllt also die Wellengleichung, deswegen erlaubt der Satz von d'Alembert die Darstellung

$$\phi(t, x) = -cF(ct - x) - cG(ct + x)$$

mit C^2-Funktionen F und G. Die Behauptung folgt nun mittels der Gleichungen aus (2.23) unter Beachtung von $\kappa = c^2 \rho$, wobei f und g die Ableitungen von F und G bezeichnen. $\square$

Als C^1-Funktionen erfüllen p und v im allgemeinen nicht mehr die Wellengleichung, sie sind dann aber schwache Lösungen der Wellengleichung (siehe den Anhang und die Aufgaben). Die im Beweis konstruierte Funktion ϕ heißt *Schnellenpotential*.

▶ **Bemerkung** Bei rechtslaufenden Planwellen schwingen p und v synchron und proportional zu $f(ct - x)$. Dies trifft ähnlich auf linkslaufende Wellen zu, dann aber mit entgegengesetztem Vorzeichen. Darin drückt sich aus, dass der Schalldruck p eine Funktion von Ort und Zeit ist, die Schallschnelle v demgegenüber wie jede Geschwindigkeit eine richtungsabhängige Größe. Daher der Wechsel von c zu $-c$ in der Schallschnelle.

Es folgt die im letzten Beweis benutzte Proposition.

Proposition 2.3 *Seien α und β stetig differenzierbare Funktionen in den Variablen t und x mit identischem Definitionsbereich D, der offen und sternförmig sei. Dann gibt es auf D eine Funktion ϕ mit der Eigenschaft*

$$\phi_x = \alpha , \quad \phi_t = \beta$$

genau dann, wenn die „Integrabilitätsbedingung"

$$\alpha_t = \beta_x$$

erfüllt ist. ϕ ist bis auf eine additive Konstante eindeutig.   □

Beweis Die Notwendigkeit der Integrabilitätsbedingung ergibt sich aus der Gleichung $\alpha_t = \phi_{xt} = \phi_{tx} = \beta_x$.

Für den Beweis in umgekehrter Richtung erinnern wir: D heißt sternförmig, falls ein $(t_0, x_0) \in D$ existiert, sodass die Verbindungstrecke von (t_0, x_0) nach (t, x) für alle $(t, x) \in D$ vollständig in D verläuft. Um die Notation zu vereinfachen, betrachten wir den Fall $t_0 = x_0 = 0$. Für die zu konstruierende Funktion ϕ gilt dann

$$\phi(t, x) - \phi(0, 0) = \int_0^1 \frac{d}{d\eta} \phi(\eta t, \eta x) \, d\eta$$

$$= \int_0^1 \left(x\phi_x(\eta t, \eta x) + t\phi_t(\eta t, \eta x) \right) d\eta. \tag{2.24}$$

Wir setzen also

$$\phi(t, x) := \int_0^1 \left(x\alpha(\eta t, \eta x) + t\beta(\eta t, \eta x) \right) d\eta.$$

Da sich hier (nach gängigen Sätzen der Analysis) Differentiation und Integration vertauschen lassen, folgt

$$\phi_x(t, x) = \int_0^1 \left(\alpha(\eta t, \eta x) + x\eta \alpha_x(\eta t, \eta x) + t\eta \beta_x(\eta t, \eta x) \right) d\eta$$

$$= \int_0^1 \left(\alpha(\eta t, \eta x) + x\eta \alpha_x(\eta t, \eta x) + t\eta \alpha_t(\eta t, \eta x) \right) d\eta$$

$$= \int_0^1 \frac{d}{d\eta} (\eta \alpha(\eta t, \eta x)) \, d\eta,$$

also $\phi_x = \alpha$. Genauso folgt $\phi_t = \beta$, ϕ hat also die gewünschte Eigenschaft.

Die Eindeutigkeit folgt aus (2.24), denn das rechte Integral ist durch α und β eindeutig festgelegt.   □

Kugelwellen Schallwellen sind kaum einmal plan, dagegen spielen Kugelwellen für den Schall eine zentrale Rolle. Diese Wellen haben ein Zentrum. Der Schalldruck p an einer Stelle im Raum hängt dann neben dem Zeitpunkt t allein vom Abstand r zum Zentrum ab. Analog verhält es sich mit der Schallschnelle, wobei sie hin zum Zentrum bzw. weg vom Zentrum ausgerichtet ist. Auch die Gleichungen zur Erfassung von Kugelwellen im Raum sind uns schon bekannt. Derartige Wellen verhalten sich ganz wie Schwingungen in kegelförmigen Röhren (wobei es sich nun sozusagen um wandlose Röhren handelt). Wir haben es also mit den Gl. (2.6) und (2.8) zu tun, mit der Variablen r anstelle von x und mit $S(r) = 4\pi r^2$.

Satz 2.5 *Seien p, v stetig differenzierbare Funktionen auf dem Definitionsbereich $(0, \infty) \times (a, b)$ mit $0 \leq a < b \leq \infty$ und seien $\rho, \kappa > 0$ Konstanten, sodass die Gleichungen*

$$p_r = -\rho v_t, \quad r^2 p_t = -\kappa (r^2 v)_r \tag{2.25}$$

erfüllt sind. Dann gibt es stetig differenzierbare Funktionen $f : (-b, \infty) \to \mathbb{R}$ und $g : (a, \infty) \to \mathbb{R}$ und Stammfunktionen F und G von f bzw. g, sodass

$$p(t, r) = \kappa \frac{f(ct - r)}{r} + \kappa \frac{g(ct + r)}{r} \tag{2.26}$$

$$v(t, r) = c \frac{f(ct - r)}{r} - c \frac{g(ct + r)}{r} + c \frac{F(ct - r)}{r^2} + c \frac{G(ct + r)}{r^2} \tag{2.27}$$

gilt, mit $c := \sqrt{\kappa/\rho}$.

Beweis Wie im Beweis von Satz 2.3 existiert eine C^2-Funktion $\phi(t, r)$, sodass

$$\phi_r = v, \quad \phi_t = -\rho^{-1} p \tag{2.28}$$

gilt. Es folgt

$$r\phi_{tt} = -\rho^{-1} r p_t = \rho^{-1} \frac{\kappa}{r} (r^2 v)_r = c^2 (2v + r v_r) = c^2 (2\phi_r + r\phi_{rr})$$

und schließlich

$$(r\phi)_{tt} = c^2 (r\phi)_{rr}.$$

Nach dem Satz von d'Alembert gibt es also C^2-Funktionen F und G, sodass

$$r\phi(t, r) = -cF(ct + r) - cG(ct - r)$$

gilt. Die Behauptung folgt nun mithilfe von (2.28), wobei f und g die Ableitungen von F und G bezeichnen. $\qquad\square$

Das Funktionenpaar f, F erfasst auslaufende, sich vom Zentrum der Kugelwelle entfernende Wellen, und g, G einlaufende, zum Zentrum strebende Wellen. Ein Vergleich mit Satz 2.3 zeigt, dass sich der Schalldruck von Kugelwellen ähnlich wie bei Planwellen verhält. Für auslaufende Wellen $f(ct - r)/r$ besagt Formel (2.26), dass Klänge und Geräusche überall so gehört werden, wie sie an der Quelle entstanden sind, mit einer Zeitverzögerung und einer Intensität, die mit wachsendem Abstand r abnimmt. Dies entspricht unserer Hörerfahrung, ist dabei eine Besonderheit der Wellenausbreitung im dreidimensionalen Raum. In die zweite der Gl. (2.25) geht ja die Dimension des Raumes wesentlich über die Formel für die Kugeloberfläche ein, und es zeigt sich, dass sich radiale Wellen etwa in Dimension 2 anders verhalten und sich nicht mehr auf den Satz von d'Alembert zurückführen lassen.

Die Schallschnelle ist dagegen dem Hören nicht zugänglich. Hier treten zwischen Planwellen und Kugelwellen beträchtliche Unterschiede zutage. Für Kugelwellen gilt es, zwei Bereiche voneinander zu trennen. Wenn r ausreichend groß ist, können rechts in der Gl. (2.27) die beiden Terme, die F und G einbeziehen, vernachlässigt werden. Dort verhält sich die Schallschnelle in Relation zum Schalldruck so, wie wir dies für Planwellen gesehen haben. In der Akustik spricht man vom *Fernfeld*. Ist dagegen r ausreichend klein, so dominieren in der Formel (2.27) gerade diese F oder G enthaltenen Terme, und die Schallschnelle nimmt nahe bei $r = 0$ approximativ den Wert

$$v(t, r) \approx c \frac{F(ct) + G(ct)}{r^2} \qquad (2.29)$$

an. Dieser Bereich heißt das *Nahfeld*.

Das folgende Beispiel zeigt, dass Nah- und Fernfeld von der Gestalt der Welle abhängen.

Beispiel
Für $f(r) = \cos kr$ und $g(r) = 0$, $r > 0$, mit einer Konstante $k > 0$ erhalten wir

$$v(t, r) = c \frac{\cos(\omega t - kr)}{r} + c \frac{\sin(\omega t - kr)}{kr^2}$$

mit $\omega = ck$. Nah- und Fernfeld sind hier durch die Bedingungen $kr \ll 1$ bzw. $kr \gg 1$ gegeben. Im Fernfeld schwingt die Schallschnelle synchron mit dem Schalldruck $p(t, r) = \kappa \cos(\omega t - kr)$, im Nahfeld ergibt sich eine Phasenverschiebung von annähernd 90 Grad.

Im Nahfeld erfordert es zusätzlichen Aufwand, eine Druckwelle zu generieren. Um diesen Befund zu verstehen, ziehen wir zum Vergleich ein inkompressibles Fluid heran, das radial um ein Zentrum herum pulsiert. Bezeichnen wir mit $\tilde{v}(t, r)$ die Geschwindigkeit, mit der die Fluidpartikel die Sphäre vom Radius r zur Zeit t durchqueren, so ist $4\pi r^2 \tilde{v}(t, r) \Delta t$ der Anteil vom Volumen des Fluids, der dann (approximativ) in einem kleinen Zeitintervall Δt die Sphäre vom Radius r passiert. Aufgrund der Inkompressibilität sind diese Volumina zu einem festen Zeitpunkt t von r unabhängig. Es folgt

$$\tilde{v}(t, r) = \frac{\tilde{v}(t, 1)}{r^2}. \qquad (2.30)$$

Nimmt man solch ein Verhalten der Schnelle nun auch für ein kompressibles Fluid an, so bedeutet dies, dass es zu keinen zeitlichen Veränderungen der Dichte kommt, und folglich beim Druck (im Einklang mit der zweiten Gleichung aus (2.25)) keine Schwankungen auftreten.

Ein Vergleich mit der Approximationsformel (2.29) zeigt nun, dass für Kugelwellen das Fluid im Nahfeld zunehmend inkompressibel erscheint, und zwar um so deutlicher, je geringer der Abstand zum Zentrum der Kugelwelle ist. Es kommt zu merklichen Massenverschiebungen im Fluid, die aber fast kompressionslos ablaufen und sich im Druck wenig bemerkbar machen. Dafür ist zusätzliche „Blindarbeit" aufzubringen, wir kommen in Kap. 5 darauf zurück.

Abschließend betrachten wir noch das Verhalten von Kugelwellen am Zentrum, also an dem Randpunkt $a = 0$. Hat das Fluid die mittlere Dichte ρ, so tritt durch die Sphäre vom Radius r in einem kleinen Zeitintervall Δt approximativ die Masse

$$4\pi\rho r^2 v(t, r)\Delta t = 4\pi\rho c\big(F(ct - r) + G(ct + r) + rf(ct - r) - rg(ct + r)\big)\Delta t.$$

Insbesondere ist

$$\mu(t)\, dt = 4\pi\rho c(F(ct) + G(ct))\, dt \tag{2.31}$$

die (mit t variierende) Rate, mit der am Zentrum $r = 0$ zum Zeitpunkt t Masse eingespeist bzw. bei einem negativem Wert abgeführt wird. Die Annahme, dass am Ursprung keine Massen fließt, läuft daher auf die Randbedingung

$$F(r) = -G(r),\ r > 0 \tag{2.32}$$

hinaus. Dann ist die Approximation (2.29) nicht mehr brauchbar, und unsere Überlegung zu Nah- und Fernfeld wird hinfällig. Auch folgt durch Differenzieren die Gleichung

$$f(r) = -g(r),\ r > 0, \tag{2.33}$$

die der Dirichlet-Randbedingung (D) entspricht. Wir hatten sie schon früher bei der Diskussion der Oboe zugrunde gelegt.

2.7 Anhang: Schwache Lösungen der Wellengleichung

Zum Abschluss des Kapitels erläutern wir in Kürze, wie man den Begriff einer Lösung der Wellengleichung über C^2-Funktionen hinaus erweitert. Wir betrachten hier stetige Funktionen (man kann die Überlegungen auf lokal integrierbare Funktionen ausdehnen).

Sei $u : (a, b) \times (0, \infty) \to \mathbb{R}$ stetig, mit $-\infty \leq a < b \leq \infty$. Ist u zweimal stetig differenzierbar, so löst sie die Wellengleichung, falls sie die Gleichung

$$\Box u = 0$$

erfüllt, mit

$$\Box u := c^{-2}u_{tt} - u_{xx}.$$

Das Symbol $\square$ nennt man den *d'Alembert-Operator*.

Stetige Funktionen passen wir durch Glättung in diesen Rahmen ein. Dazu benutzen wir *Testfunktionen*, das sind hier C^2-Funktionen $\varphi : \mathbb{R}^2 \to \mathbb{R}$, deren Träger $\mathrm{Tr}(\varphi)$ (also deren topologische Abschluss von $\{(t, x) : \varphi(t, x) > 0\}$) kompakt ist. Wir setzen

$$D^{(\varphi)} := \{(t, x) \in \mathbb{R}^2 : (t, x) + \mathrm{Tr}(\varphi) \subset (0, \infty) \times (a, b)\},$$

und für $(t, x) \in D^{(\varphi)}$

$$u^{(\varphi)}(t, x) := \int_{-\infty}^{\infty} \int_{-\infty}^{\infty} u(t + s, x + y) \varphi(s, y)\, ds\, dy$$

(außerhalb des Trägers von φ wird der Integrand 0 gesetzt). Alternativ hat man auch die Formel

$$u^{(\varphi)}(t, x) = \int_{-\infty}^{\infty} \int_{-\infty}^{\infty} u(s, y) \varphi(s - t, y - x)\, ds\, dy.$$

Aus ihr erkennt man, dass $u^{(\varphi)}$ eine C^2-Funktion, denn hier lassen sich (nach einem gängigen Kriterium aus der Analysis) Differentiation und Integration vertauschen. Der Definitionsbereich $D^{(\varphi)}$ von $u^{(\varphi)}$ ist offen.

Proposition 2.4 *Sei u eine C^2-Funktion. Dann gilt $\square u = 0$ genau dann, wenn $\square u^{(\varphi)} = 0$ für alle Testfunktionen φ erfüllt ist.* $\qquad\qquad\square$

Beweis Es gilt für alle $(t, x) \in D^{(\varphi)}$

$$\square u^{(\varphi)}(t, x) = \int_{-\infty}^{\infty} \int_{-\infty}^{\infty} \square u(t + s, x + y) \varphi(s, y)\, ds\, dy. \qquad (2.34)$$

Gilt also $\square u = 0$, so auch $\square u^{(\varphi)} = 0$ für alle Testfunktionen φ. Gibt es andererseits ein $(t, x) \in (0, \infty) \times (a, b)$ mit $\square u(t, x) > 0$, so gibt es eine offene Umgebung O von $(0, 0)$, sodass $\square u(t + s, x + y) > 0$ für alle $(s, y) \in O$ erfüllt ist. Wählt man nun eine Testfunktion φ mit $\mathrm{Tr}(\varphi) \subset O$, so ergibt (2.34) die Ungleichung $\square u^{(\varphi)}(t, x) > 0$. Analoges gilt für den Fall $\square u(t, x) < 0$, sodass der Beweis erbracht ist. $\qquad\qquad\square$

Die Proposition eröffnet uns die Möglichkeit, von Lösungen der Wellengleichung auch in dem Fall zu reden, dass u keine C^2-Funktion ist.

Definition. Eine stetige Funktion u heisst *schwache Lösung* der Wellengleichung $u_{tt} = c^2 u_{xx}$, falls für alle Testfunktionen φ die Gleichung $\square u^{(\varphi)} = 0$ erfüllt ist.

Satz 2.7 *Sei die Funktion* $u : (a, b) \to \mathbb{R}$ *stetig. Dann ist* u *genau dann schwache Lösung der Wellengleichung, wenn es stetige Funktionen* $f : (-b, \infty) \to \mathbb{R}$ *und* $g : (a, \infty) \to \mathbb{R}$ *gibt, sodass*

$$u(t, x) = f(ct - x) + g(ct + x)$$

gilt. Bis auf additive Konstanten ist die Darstellung eindeutig.

Beweis Gilt $u(t, x) = f(ct - x)$ mit einer stetigen Funktion $f : (-b, \infty) \to \mathbb{R}$, so folgt $u^{(\varphi)}(t, x) = f^{(\varphi)}(ct - x)$ mit der C^2-Funktion

$$f^{(\varphi)}(x) := \int_{-\infty}^{\infty} \int_{-\infty}^{\infty} f(x + cs + y)\varphi(s, y)\, ds\, dy.$$

Weil $u^{(\varphi)}$ allein von $ct - x$ abhängt, folgt, wie schon anfangs des Kapitels festgestellt, $\Box u^{(\varphi)} = 0$, also ist u eine schwache Lösung der Wellengleichung. Der Fall $u(t, x) = g(ct + x)$ ist analog.

Sei umgekehrt u eine stetige schwache Lösung der Wellengleichung. Wie wollen die Behauptung durch einen Grenzübergang auf den C^2-Fall zurückführen. Seien φ_n, $n \in \mathbb{N}$, nichtnegative Testfunktionen, deren Träger in $[-n^{-1}, n^{-1}]$ enthalten sind. Durch Normierung können wir erreichen, dass $\iint \varphi(t, x)\, dt\, dx = 1$ gilt. Wegen der Stetigkeit von u folgt für $u_n := u^{(\phi_n)}$ dann $u_n(t, x) \to u(t, x)$ für $n \to \infty$. Für u_n haben wir nach Satz 2.1 die Darstellung

$$u_n(t, x) = f_n(ct - x) + g_n(ct + x).$$

Um hier auch die Konvergenz von f_n und g_n zu erhalten, gehen wir wie im Beweis von Satz 2.1 zu den Koordinaten (η, ξ) und den Funktionen $U(\eta, \xi) = u(t, x)$ und $U_n(\eta, \xi) = u_n(t, x)$ über. Wir fixieren im Definitionsbereich D von U ein Element (η_0, ξ_0). Dann gibt es zu jedem $(\eta, \xi) \in D$ eine Folge $(\eta_0, \xi_0), (\eta_1, \xi_1), \ldots, (\eta_k, \xi_k)$ innerhalb von D mit $(\eta_k, \xi_k) = (\eta, \xi)$ und mit der Eigenschaft, dass auch $(\eta_0, \xi_1), \ldots, (\eta_{k-1}, \xi_k)$ zu D gehören. Aus $U_n(\eta, \xi) = f_n(\eta) + g_n(\xi)$ folgt

$$\sum_{i=1}^{k} (U_n(\eta_i, \xi_i) - U_n(\eta_{i-1}, \xi_i)) = f_n(\eta) - f_n(\eta_0).$$

Die linke Seite konvergiert aufgrund der punktweisen Konvergenz von U_n gegen U. Auf der rechten Seite dürfen wir $f_n(\eta_0) = 0$ annehmen, dann folgt die punktweise Konvergenz von f_n gegen eine Funktion f. Aus $U_n(\eta, \xi) = f_n(\eta) + g_n(\xi)$ ergibt sich die Konvergenz von g_n gegen eine Funktion g. Insgesamt erhalten wir $U(\eta, \xi) = f(\eta) + g(\xi)$ und damit die gesuchte Darstellung von u. Die Stetigkeit von f und g folgt aus der Stetigkeit von u bzw. U. Die Eindeutigkeit ist uns schon aus Satz 2.1 bekannt.   □

2.8   Aufgaben

Aufgabe 1
Bestimmen Sie alle Lösungen der partiellen Differentialgleichung $u_t = cu_x$ in den reellen Variablen t, x mit einer Konstanten $c > 0$.

Hinweis Transformieren Sie geeignet die Koordinaten.

Aufgabe 2
Sei $u(t, x)$, $x \in I, t > 0$, C^2-Lösung der Wellengleichung. Zeigen Sie, dass für $t_0 > 0$ auch

$$\bar{u}(t, x) = u(t_0 + t, x) + u(t_0 - t, x) , \quad x \in I, \ 0 < t < t_0,$$

die Wellengleichung erfüllt und die Darstellung $\bar{u}(t, x) = \bar{f}(x - ct) + \bar{f}(x + ct)$ mit einer C^2-Funktion $\bar{f}$ hat.

Aufgabe 3
Sei $u(t, x)$ eine C^3-Lösung der Wellengleichung $u_{tt} = c^2 u_{xx}$. Zeigen Sie, dass dann auch $\hat{u} := u_t u_x$ und $\tilde{u} = u_t^2 + c^2 u_x^2$ die Wellengleichung lösen.

Hinweis Man kann rechnen oder den Satz von d'Alembert benutzen.

Aufgabe 4: Schwingende Saite
Sei $u : (0, \infty) \times (0, \ell) \to \mathbb{R}$ eine Lösung der Wellengleichung mit Dirichlet-Randbedingungen $u(t, 0) = u(t, \ell) = 0$ für alle $t \geq 0$. Zeigen Sie

$$u(t + \ell/c, x) = -u(t, \ell - x)$$

für alle t, x.

Aufgabe 5: Gezupfte Harfensaite
Für die Lösung $u(t, x)$, $0 \leq x \leq \ell, t \geq 0$ der Wellengleichung mit Randbedingung $u(t, 0) = u(t, \ell) = 0, t \geq 0$, seien die Anfangsbedingungen $u_t(0, x) = 0$, für $0 \leq x \leq \ell$, und (wie in der Zeichnung) $u(0, x) = \alpha x$ für $0 \leq x \leq \beta$, $u(0, x) = \alpha(x - \ell)$ für $\ell - \beta \leq x \leq \ell$ sowie lineare Interpolation im Bereich $\beta \leq x \leq \ell - \beta$, mit $\alpha > 0, 0 < \beta < \ell/2$. Beschreiben Sie den Verlauf der Schwingung. Was ist ihre Periode?

Abb. 2.17 Harfensaite gezupft

Hinweis Vergleichen Sie die zugehörige Funktion h mit einer entsprechenden Funktion für „normales" Zupfen (Abb. 2.17).

Aufgabe 6: Lösungsformel von d'Alembert

Sei $u(t, x)$, $x \in \mathbb{R}$, $t \geq 0$, eine Lösung der Wellengleichung $u_{tt} = c^2 u_{xx}$. Setze

$$\varphi(x) := u(0, x), \ \psi(x) := u_t(0, x), \ x \in \mathbb{R}.$$

Leiten Sie die Lösungsformel

$$u(t, x) = \frac{1}{2}\big(\varphi(x - ct) + \varphi(x + ct)\big) + \frac{1}{2c} \int_{x-ct}^{x+ct} \psi(y)\, dy$$

ab.

Hinweis Bestimmen Sie in der Darstellung $u(t, x) = f(ct - x) + g(ct + x)$ die Funktionen f und g aus den Anfangsbedingungen (siehe (2.12)).

Aufgabe 7: Eindeutigkeit

Für eine Lösung $u(t, x)$ der Wellengleichung auf $[0, \ell]$ definieren wir die „Energie" als

$$E(t) := \frac{1}{2} \int_0^\ell \left(u_t^2(t, x) + c^2 u_x^2(t, x)\right) dx, \ t \geq 0.$$

(i) Zeigen Sie für $t > 0$

$$E'(t) = c^2 u_t(t, \ell) u_x(t, \ell) - c^2 u_t(t, 0) u_x(t, 0).$$

(ii) Folgern Sie Eindeutigkeit für die Wellengleichung: Sei u eine Lösung der Wellengleichung auf $[0, \ell]$ mit den Randwerten $u(t, 0) = u(t, \ell) = 0$, $t \geq 0$, und mit den Anfangswerten $u(0, x) = u_t(0, x) = 0$, $0 \leq x \leq \ell$. Dann gilt $u(t, x) = 0$ für alle t, x.

Aufgabe 8

Eine Kugelwelle $p(t, r)$ sei durch eine einlaufende Druckwelle der Gestalt $g(ct + r)/r$ und Reflexion am Ursprung $r = 0$ gemäß Formel (2.33) gegeben. Bestimmen Sie den Randwert $p(t, 0)$ des Schalldruck und bestätigen Sie für die Schallschnelle unter der strengeren Bedingung (2.32) $v(t, 0) = 0$.

Aufgabe 9: Der platzende Ballon

Untersuchen Sie den Verlauf des Drucks einer Kugelwelle, die sich anfangs in Ruhe befindet und der Anfangsbedingung

$$p(0, r) = \begin{cases} p_0 & \text{für } r < r_0, \\ 0 & \text{für } r > r_0, \end{cases}$$

mit Konstanten $p_0, r_0 > 0$ genügt. Erklären Sie, warum man hier von „N-Wellen" spricht. Bemerkung: Da ein Ballon asymmetrisch aufreißt, beschreibt dieser Ansatz sein Platzen nur unzureichend. Auf andere Explosionen passt das Modell besser.

Aufgabe 10

Zeigen Sie: Ist u eine Lösung der Wellengleichung, oder allgemeiner eine stetig differenzierbare schwache Lösung, so sind die partiellen Ableitungen u_x und u_t schwache Lösungen der Wellengleichung.

Hinweis Benutzen Sie Satz 2.7.

Aufgabe 11

Sei $u^{(n)}, n \geq 1$, eine uniform beschränkte Folge von C^2-Lösungen der Wellengleichung $u_{tt} = c^2 u_{xx}$ (mit gleichen Definitionsbereichen), die punktweise gegen eine C^2-Funktion u konvergiert. Zeigen Sie, dass dann auch u die Wellengleichung löst.

Hinweis Hinweis: Zeigen Sie erst, dass u eine schwache Lösung ist.

Klangspektren

3

3.1 Einleitung

Eine periodische Schwingung des Luftdrucks wird, wie wir schon im ersten Kapitel festgestellt haben, vom Gehör als Ton wahrgenommen. Aber nicht jede derartige Schwingung ergibt einen stabilen Ton, d. h. einen Ton, mit dem sich Tonintervalle bilden lassen. Man kann dies eindrücklich mithilfe eines Tongenerators demonstrieren: Eine Sinusschwingung der Frequenz 440 Hz klingt blass. Überlagert man sie mit einer Sinusschwingung von 660 Hz, so hört man nicht etwa eine Quinte, sondern einen etwas markanteren Einzelton der Frequenz 220 Hz, eine Oktave unter der 440 Hz Schwingung. Das ist verständlich, denn die Superposition der beiden Oszillationen ist periodisch mit der Frequenz 220 Hz. Und mischt man drei Sinusschwingungen der Frequenzen 440, 550 und 660 Hz, so nimmt das Gehör keinen Dreiklang wahr, sondern einen Ton der Frequenz 110 Hz.

Für komplexere Oszillationen trifft dies aber nicht mehr zu. Hier ist folgender Sachverhalt fundamental: Eine periodische Schalldruckschwingung mit der Periodendauer T und der Frequenz $f = 1/T$ lässt sich als Überlagerung von Sinustönen darstellen. Man spricht von den *Teiltönen*, dem *Grundton,* der die *Grundfrequenz* f hat, und den *Obertönen* mit den Frequenzen $2f, 3f, 4f$ ... Modulo Oktaven bilden die ersten fünf Obertöne mit dem Grundton reine Terzen, Quinten oder Oktaven, also konsonante Intervalle. Erst der sechste Oberton mit der Frequenz $7f$ schert aus, er bildet mit dem Grundton ein Intervall, das sich aus der *Naturseptime* mit FV 4 : 7 ableitet. (Sie liegt 27 Cent unter der kleinen Septime mit FV 9 : 16 und wird gewöhnlich als nicht ganz sauberes Intervall empfunden.)

Für einen stabilen Ton sind ausgeprägte Obertöne nötig, sie konstituieren den Ton und machen in ihrer Zusammensetzung seine Klangfarbe, seinen Charakter aus. Dies mag durchaus verwirren, denn man nimmt die Obertöne nicht (oder nur bei ganz genauem Hinhören) wahr. Demgegenüber spielt der Grundton eine untergeordnete Rolle. Manchmal fehlt er ganz, wie bei der Trompete (und bei obigem Tonexperiment), trotzdem hört man einen kräftigen Ton der Grundfrequenz f. Man spricht dann von einem *Residualton.* Dieses psychoakustische Phänomen, dass der Grundton wenig beiträgt, wird technisch vielfach genutzt, so beim Telephon, wo man niedrige Frequenzen einfach abschneidet.

Obertöne hat erstmalig Mersenne (1636) beschrieben, und der Mathematiker Sauveur (1701) zeigte auf, dass auf einer schwingenden Saite mehrere Schwingungen nebeneinander bestehen können, ohne dass sie sich in die Quere kommen. (Dies entspricht dem Superpositionsprinzip aus der Mathematik.) Die zentrale Rolle der Obertöne für einen Ton wurde aber erst durch den Physiker Ohm (1843) erkannt und dann insbesondere von Helmholtz herausgearbeitet. Auslöser dieser Entwicklung war die schon angesprochene mathematische Erkenntnis des Physikers Fourier (1807), nach der sich eine periodische Schwingung der Frequenz f recht allgemein in eine Summe aus Sinusschwingungen mit *harmonischen Frequenzen*, also den Frequenzen $f, 2f, 3f, \ldots$ zerlegen lässt. Dabei lassen sich die Amplituden und Nullphasen dieser Bausteine übersichtlich mithilfe der *Fourierkoeffizienten* ausdrücken. Dass das Gehör tatsächlich eine solche „Fourieranalyse" eines Tones in Sinustöne vornimmt, hat sich erst viel später bestätigen lassen. Die Zerlegung findet im Innenohr in der Schnecke (der Cochlea) statt. Für den Höreindruck sind die Amplituden der Teiltöne wesentlich, sie bilden das *Klangspektrum* des Tons. Differenzen zwischen den Nullphasen haben demgegenüber einen vernachlässigbaren Einfluss. Das Gehirn formt dann das Klangspektrum zum Gesamteindruck des Tones[1].

Näher betrachtet leistet das Gehör Erstaunliches, gerade auch im Vergleich zum Auge. Dies hebt Helmholtz in seiner epochalen „Lehre von den Tonempfindungen" (1862) besonders hervor. Er beschreibt dort sehr plastisch das Spiel von Wellen:

„Am reichsten ist darin die Meeresfläche, von einem hohen Ufer aus betrachtet, wenn sie nach heftigerem Winde wieder anfängt, sich zu beruhigen. Man sieht dann einmal die grossen Wogen, welche aus weiter stahlblauer Ferne her in langen gestreckten Linien …gegen das Ufer ziehen. Ein vorüberziehendes Dampfschiff bildet etwa noch seinen gabelähnlichen Wellenschweif, oder ein Vogel, der einen Fisch erschnappt, erregt kleine kreisförmige Ringe …

Ein ganz ähnliches Schauspiel muss man sich nun im Inneren eines Tanzsaals vorgehend denken. Da haben wir …Musikinstrumente, sprechende Menschen, rauschende Kleider, gleitende Füsse, klirrende Gläser. …ein Durcheinander der verschiedenartigsten Bewegungen, welches man sich kaum verwickelt genug vorstellen kann …Und doch ist das Ohr im Stande all die einzelnen Bestandteile …voneinander zu sondern, …

Ich habe schon angeführt, dass das Auge, welches eine weite vielbewegte Wasserfläche überblickt, mit ziemlicher Leichtigkeit die einzelnen Wellenzüge …einzeln verfolgen kann. Das Ohr befindet sich …in einer viel ungünstigeren Lage …Das Ohr wird ja nämlich nur von der Bewegung derjenigen Luftmasse afficiert, die sich in der unmittelbarsten Nähe seines Trommelfells im Gehörgang befindet. Das Ohr befindet sich also etwa in derselben Lage, wie wenn wir das Auge durch eine enge Röhre nach einem einzigen Punkte der Wasserfläche

---

[1] Anders als in der Musiktheorie nennt man in der Akustik einen Ton, der sich aus mehreren Teiltönen zusammensetzt, einen Klang. Der Begriff Ton ist allein für Sinustöne reserviert.

blicken liessen …Ihm gehen alle die Hilfsmittel ab, auf die sich das Urtheil des Auges hauptsächlich stützt."

So gesehen hat das Gehör erstaunliche Fähigkeiten. Den Schlüssel zu ihrer Aufklärung hat, wie Helmholtz weiter ausführt, das Resultat von Fourier geliefert. Erst dieses mathematische Theorem hat ein tieferes Verständnis der Vorgänge im Gehör ermöglicht – dabei hatte Fourier seine Zerlegung periodischer Funktionen in einem ganz anderen Kontext, nämlich der Wärmelehre eingeführt.

3.2   Fourierpolynome und Fourierreihen

Wir betrachten eine periodische Funktion $f : \mathbb{R} \to \mathbb{R}$ und wollen sie mit trigonometrischen Polynomen approximieren. Der Übersichtlichkeit halber wählen wir die Periode als 2π, dann besteht die Aufgabe darin, f durch 2π-periodische Funktionen der Gestalt

$$p(x) = \alpha_0 + \sum_{n=1}^{N} \alpha_n \cos nx + \sum_{n=1}^{N} \beta_n \sin nx$$

anzunähern, mit $N \in \mathbb{N}$ und reellen Koeffizienten α_n, β_n. Mit Bessel fragen wir genauer, bei welcher Wahl der Koeffizienten α_n und β_n der Ausdruck

$$\int_{-\pi}^{\pi} |f(x) - p(x)|^2 \, dx \tag{3.1}$$

zu vorgegebenem N minimal wird. An f stellen wir die Forderung, dass das Integral wohldefiniert ist. Man kann hier alle quadratintegrablen Funktionen zulassen, also alle f, für die $\int_{-\pi}^{\pi} |f(x)|^2 \, dx < \infty$ gilt. Für unsere Zwecke langt es, beschränkte Funktionen f zu betrachten, deren Unstetigkeitsstellen sich nirgends häufen.

Um flüssig zu rechnen, erweist es sich als praktisch, die trigonometrischen Funktionen durch die komplexe Exponentialfunktion auszudrücken, gemäß

$$\cos y = \frac{1}{2}(e^{iy} + e^{-iy}) \,, \quad \sin y = \frac{1}{2i}(e^{iy} - e^{-iy}),$$

und die trigonometrischen Polynome kompakt als

$$p(x) = \sum_{n=-N}^{N} \gamma_n e^{inx}$$

zu schreiben, mit

$$\gamma_0 := \alpha_0 \,, \quad \gamma_n := \frac{1}{2}(\alpha_n - i\beta_n) \,, \quad \gamma_{-n} := \frac{1}{2}(\alpha_n + i\beta_n)$$

für $1 \leq n \leq N$. Wir dürfen nun f auch als $\mathbb{C}$-wertige Funktion annehmen.

Bezeichnen wir für ein komplexe Zahl $z = u + iv$ mit $\bar{z} := u - iv$ ihre komplex Konjugierte, so folgt mit den üblichen Rechenregeln für komplexe Zahlen

$$
\int_{-\pi}^{\pi} |f(x) - p(x)|^2 \, dx = \int_{-\pi}^{\pi} \left(f(x) - p(x) \right) \left(\overline{f(x)} - \overline{p(x)} \right) dx
$$

$$
= \int_{-\pi}^{\pi} f(x) \overline{f(x)} \, dx
$$

$$
- \int_{-\pi}^{\pi} \sum_{n=-N}^{N} \left(f(x) \bar{\gamma}_n e^{-inx} + \overline{f(x)} \gamma_n e^{inx} \right) dx
$$

$$
+ \int_{-\pi}^{\pi} \sum_{m=-N}^{N} \sum_{n=-N}^{N} \gamma_m \bar{\gamma}_n e^{i(m-n)x} \, dx
$$

Für $n \in \mathbb{Z}$ gilt

$$
\int_{-\pi}^{\pi} e^{inx} \, dx = \begin{cases} 2\pi & \text{für } n = 0, \\ \frac{1}{in} e^{inx} \big|_{-\pi}^{\pi} = 0 & \text{für } n \neq 0. \end{cases} \tag{3.2}
$$

Setzen wir also für $n \in \mathbb{Z}$

$$
c_n := \frac{1}{2\pi} \int_{-\pi}^{\pi} f(x) e^{-inx} \, dx,
$$

so erhalten wir

$$
\int_{-\pi}^{\pi} |f(x) - p(x)|^2 \, dx = \int_{-\pi}^{\pi} |f(x)|^2 \, dx - 2\pi \sum_{n=-N}^{N} (c_n \bar{\gamma}_n + \bar{c}_n \gamma_n - |\gamma_n|^2)
$$

$$
= \int_{-\pi}^{\pi} |f(x)|^2 \, dx - 2\pi \sum_{n=-N}^{N} |c_n|^2 + 2\pi \sum_{n=-N}^{N} |\gamma_n - c_n|^2.
$$

Insbesondere verschwinden für $f \equiv 0$ alle c_n und es folgt

$$
\int_{-\pi}^{\pi} |p(x)|^2 \, dx = 2\pi \sum_{n=-N}^{N} |\gamma_n|^2. \tag{3.3}
$$

Unsere Ausgangsproblem ist nun leicht gelöst: Das Minimum in (3.1) wird für $\gamma_n = c_n$ angenommen. Wir definieren also für $N \geq 0$ das *Fourierpolynom N-ten Grades* mit den *Fourierkoeffizienten* c_n als

$$
f_N(x) := \sum_{n=-N}^{N} c_n e^{inx},
$$

und erhalten unter Beachtung von (3.3)

$$\int_{-\pi}^{\pi} |f(x) - f_N(x)|^2 \, dx = \int_{-\pi}^{\pi} |f(x)|^2 \, dx - 2\pi \sum_{n=-N}^{N} |c_n|^2 \qquad (3.4)$$

$$= \int_{-\pi}^{\pi} |f(x)|^2 \, dx - \int_{-\pi}^{\pi} |f_N(x)|^2 \, dx. \qquad (3.5)$$

Insbesondere folgt aus (3.4)

$$\sum_{n=-\infty}^{\infty} |c_n|^2 \leq \frac{1}{2\pi} \int_{-\pi}^{\pi} |f(x)|^2 \, dx. \qquad (3.6)$$

Dies ist die *Besselsche Ungleichung*.

Setzen wir noch für $n \geq 0$

$$a_n := c_n + c_{-n} = \frac{1}{\pi} \int_{-\pi}^{\pi} f(x) \cos nx \, dx,$$

$$b_n := i(c_n - c_{-n}) = \frac{1}{\pi} \int_{-\pi}^{\pi} f(x) \sin nx \, dx,$$

also $c_n = (a_n - ib_n)/2$ und $c_{-n} = (a_n + ib_n)/2$, so können wir das Fourierpolynom auch als

$$f_N(x) = \frac{a_0}{2} + \sum_{n=1}^{N} a_n \cos nx + \sum_{n=1}^{N} b_n \sin nx$$

ausdrücken, nun in den Fourierkoeffizienten a_n und b_n. Für reellwertige Funktionen f sind a_n und b_n reell, und es gilt $c_{-n} = \overline{c_n}$. Wegen der Symmetrieeigenschaften der trigonometrischen Funktionen verschwinden für ungerade reelle Funktionen f alle Koeffizienten a_n, und für gerade Funktionen die b_n.

▶ **Bemerkung** Unsere Rechnungen werden plastisch und einprägsam, wenn wir sie in den Kontext der Linearen Algebra einbetten. Dazu betrachtet man einen komplexen Vektorraum $\mathcal{V}$ von komplexwertigen, quadratintegrablen, 2π-periodischen Funktionen f, die alle Funktionen e_n, $n \in \mathbb{Z}$, enthält, gegeben durch $e_n(x) = e^{inx}$, $x \in \mathbb{R}$. Wir versehen $\mathcal{V}$ mit dem (komplexen) Skalarprodukt

$$\langle f, g \rangle := \frac{1}{2\pi} \int_{-\pi}^{\pi} f(x) \overline{g(x)} \, dx, \quad f, g \in \mathcal{V},$$

sowie mit der induzierten Norm $\| \cdot \|$ gegeben durch

$$\|f\|^2 = \langle f, f \rangle = \frac{1}{2\pi} \int_{-\pi}^{\pi} |f(x)|^2 \, dx.$$

Die Formel (3.2) ergibt

$$\langle e_m, e_n \rangle = \begin{cases} 1 & \text{für } m = n \,, \\ 0 & \text{für } m \neq n \,. \end{cases}$$

Die Funktionen e_n, $n \in \mathbb{Z}$, in $\mathcal{V}$ bilden also ein orthonormales System von Vektoren. Die Fourierkoeffizienten erhält man nun als

$$c_n = \langle f, e_n \rangle.$$

Das Fourierpolynom f_N liegt in dem Teilvektorraum $\mathcal{V}_N$, aufgespannt von der orthonormalen Basis bestehend aus den Vektoren e_n, $-N \leq n \leq N$. Die Gleichung (3.5) können wir für jedes $f \in \mathcal{V}$ in

$$\|f\|^2 = \|f_N\|^2 + \|f - f_N\|^2$$

umschreiben, oder äquivalent in $\langle f_N, f - f_N \rangle = 0$. Dies besagt, dass f_N die orthogonale Projektion von $f \in \mathcal{V}$ auf den Unterraum $\mathcal{V}_N$ ist.

Hier stellt sich nun die Frage, ob sich periodische Funktionen durch Fourierpolynome beliebig genau annähern lassen. Bezüglich der soeben definierten Norm $\| \cdot \|$ gibt der folgende Satz die Antwort.

Satz 3.1 (Vollständigkeitssatz) *Für jedes quadratintegrierbare, 2π-periodische f gilt*

$$\|f - f_N\| \to 0$$

für $N \to \infty$.

Man schreibt

$$f(x) = \sum_{n=-\infty}^{\infty} c_n e^{inx} \text{ bzw. } f(x) = \frac{a_0}{2} + \sum_{n=1}^{\infty} (a_n \cos nx + b_n \sin nx).$$

Die Reihe heißt die *Fourierreihe* f_∞ von f. Sie konvergiert in der Norm $\| \cdot \|$ gegen f, das ist mit der Schreibweise $f(x) = f_\infty(x)$ ausgedrückt – auch wenn damit punktweise Konvergenz suggeriert wird! Diese ist hier nicht gemeint, sie erfordert zusätzliche Regularität von f. Wir kommen darauf zurück.

Aus der Formel (3.4) schließt man, dass sich die Aussage des Vollständigkeitssatzes äquivalent durch die Gleichung

$$\int_{-\pi}^{\pi} |f(x)|^2 \, dx = 2\pi \sum_{n=-\infty}^{\infty} |c_n|^2 \tag{3.7}$$

ausdrücken lässt. Dies ist die *Parsevalsche Gleichung*. Im Fall reeller Funktionen f kann man sie wegen $c_0 = a_0/2$ und $c_n = (a_n - ib_n)/2, c_{-n} = (a_n + ib_n)/2$ für $n \geq 1$ auch als

$$\int_{-\pi}^{\pi} |f(x)|^2 \, dx = \frac{\pi}{2} a_0^2 + \pi \sum_{n=1}^{\infty} (a_n^2 + b_n^2)$$

schreiben.

Beweis von Satz 3.1. Sei zunächst f eine stetige Funktion. Dem ungarischen Mathematiker Fejér folgend zeigen wir, dass dann die Fourierpolynome f_N, wenn man sie mittelt, gleichmäßig gegen f konvergieren. Wir setzen also für $N \geq 1$

$$p_N := \frac{1}{N} \sum_{M=0}^{N-1} f_M .$$

Wir stellen zunächst $p_N - f$ als Integral dar. Es gilt

$$p_N(x) = \frac{1}{2\pi} \int_{-\pi}^{\pi} f(y) F_N(x - y) \, dy$$

mit

$$F_N(x) := \frac{1}{N} \sum_{M=0}^{N-1} \sum_{n=-M}^{M} e^{inx} \, , \; x \in \mathbb{R}.$$

Die 2π-periodische Funktion F_N heißt*Fejérkern*. Mittels der Substitution $y \mapsto x - y$ und der Periodizität folgt

$$p_N(x) = \frac{1}{2\pi} \int_{x-\pi}^{x+\pi} f(x - y) F_N(y) \, dy = \frac{1}{2\pi} \int_{-\pi}^{\pi} f(x - y) F_N(y) \, dy.$$

Auch gilt $\int_{-\pi}^{\pi} F_N(y) \, dy = 2\pi$ gemäß (3.2), deswegen erhalten wir

$$p_N(x) - f(x) = \frac{1}{2\pi} \int_{-\pi}^{\pi} (f(x - y) - f(x)) F_N(y) \, dy. \tag{3.8}$$

Entscheidend ist nun, dass man für die Fejérkerne eine simple Formel hat. Sie ergibt sich aus folgender Rechnung mit drei Teleskopsummen:

$$\left(e^{iy/2} - e^{-iy/2}\right)^2 \sum_{M=0}^{N-1} \sum_{n=-M}^{M} e^{iny}$$

$$= \left(e^{iy/2} - e^{-iy/2}\right) \sum_{M=0}^{N-1} \sum_{n=-M}^{M} \left(e^{i(n+\frac{1}{2})y} - e^{i(n-\frac{1}{2})y}\right)$$

$$= \left(e^{iy/2} - e^{-iy/2}\right) \sum_{M=0}^{N-1} \left(e^{i(M+\frac{1}{2})y} - e^{-i(M+\frac{1}{2})y}\right)$$

$$= \sum_{M=0}^{N-1} \left(e^{i(M+1)y} - e^{iMy}\right) - \sum_{M=0}^{N-1} \left(e^{-iMy} - e^{-i(M+1)y}\right)$$

$$= e^{iNy} - 1 - 1 + e^{-iNy}$$

$$= \left(e^{iNy/2} - e^{-iNy/2}\right)^2.$$

Aufgelöst nach der ersten Doppelsumme und unter Beachtung der Gleichung $e^{iz} - e^{-iz} = \sin z/2i$ erhalten wir

$$F_N(y) = \frac{1}{N} \frac{\sin^2(Ny/2)}{\sin^2(y/2)},$$

wobei der Ausdruck rechts an den Stellen $y = 0, \pm 2\pi, \dots$ stetig zu ergänzen ist, also dort den Wert N hat. Insbesondere nehmen die Fejérkerne nur nichtnegative Werte an.

Mit (3.8) folgt

$$|p_N(x) - f(x)| \leq \frac{1}{2\pi} \int_{-\pi}^{\pi} |f(x - y) - f(x)| F_N(y) \, dy \qquad (3.9)$$

Der Integrand lässt sich so abschätzen: Als stetige, periodische Funktion ist f gleichmäßig stetig. Dies bedeutet, dass es zu vorgegebenem $\varepsilon > 0$ ein $\delta > 0$ gibt, sodass $|f(x - y) - f(x)| \leq \varepsilon$ für alle $|y| \leq \delta$ und alle x gilt. Für $|y| \leq \pi$ ergibt dies die Ungleichung

$$|f(x - y) - f(x)| F_N(y) \leq \varepsilon F_N(y) + 2 \sup |f| \sup_{\delta \leq |z| \leq \pi} F_N(z)$$

$$\leq \varepsilon F_N(y) + \frac{2 \sup |f|}{N \sin^2(\delta/2)}.$$

Eingesetzt in (3.9) folgt für ausreichend großes N

$$|p_N(x) - f(x)| \leq \varepsilon + \frac{2 \sup |f|}{N \sin^2(\delta/2)} \leq 2\varepsilon.$$

Dies bedeutet, dass p_N gleichmäßig gegen f konvergiert. Nun gilt aufgrund der Minimaleigenschaft der Fourierpolynome

$$\|f - f_N\| \leq \|f - p_N\| \leq \sup |f - p_N|,$$

deswegen erhalten wir wie behauptet die Konvergenz $\|f - f_N\| \to 0$ für $N \to \infty$.

Wenn f keine stetige Funktion ist, benutzen wir den Sachverhalt, dass es im quadratintegrierbaren Fall für jedes $\varepsilon > 0$ eine stetige Funktion g gibt, sodass

$$\int_{-\pi}^{\pi} |f(x) - g(x)|^2 \, dx \le \varepsilon^2$$

gilt. Wenn f im Intervall $[-\pi, \pi]$ nur endlich viele Unstetigkeitsstellen hat und zudem beschränkt ist, lässt sich dies unmittelbar einsehen. Dies ist der Fall, der uns im Folgenden interessiert, den allgemeinen Fall können wir hier nicht behandeln.

Es folgt mit den Fourierpolynomen g_N von g

$$\|f - f_N\| \le \|f - g_N\| \le \|f - g\| + \|g - g_N\| \le \frac{\varepsilon}{2\pi} + \|g - g_N\|.$$

Der Ausdruck ganz rechts konvergiert gegen 0, daher folgt $\|f - f_N\| \le \varepsilon$ für N ausreichen groß. Also konvergiert f_N in der Norm $\|\cdot\|$ gegen f. □

3.3 Beispiele

Die folgenden Beispiele sind auch für das Verständnis einiger Musikinstrumente von Interesse.

Die Sägezahnfunktion Sei

$$s(x) := \frac{\pi - x}{2} \quad \text{für } 0 < x < 2\pi.$$

Setzt man dieses Geradenstück periodisch auf der reellen Achse fort, so entsteht eine Funktion s aus „Sägezähnen". An der Stelle 0 hat dann s einen Sprung der Größe π. Der Wert von s an diesem Punkt hat keinen Einfluss auf die Fourierkoeffizienten. Der Einfachheit halber setzen wir $s(0) := 0$, dann haben wir es mit einer ungeraden Funktion zu tun. Also verschwinden die Fourierkoeffizienten $a_n = 0$, $n \ge 0$. Weiter gilt für $n \ge 1$

$$b_n = \frac{1}{\pi} \int_0^{2\pi} \frac{\pi - x}{2} \sin nx \, dx = \frac{1}{n}.$$

Wir erhalten für $0 < x < 2\pi$ die Fourierreihe

$$\frac{\pi - x}{2} = \sin x + \frac{1}{2} \sin 2x + \frac{1}{3} \sin 3x + \frac{1}{4} \sin 4x + \cdots \qquad (3.10)$$

Abb. 3.1 zeigt einige Fourierpolynome auf dem Intervall $[-\pi, \pi]$.

Wegen

$$\int_0^{2\pi} s(x)^2 \, dx = \int_0^{2\pi} \frac{(\pi - x)^2}{4} \, dx = \frac{2}{3}\pi^3$$

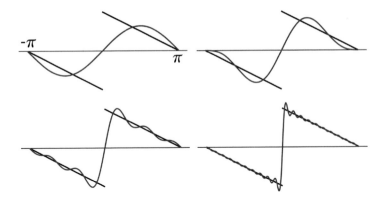

Abb. 3.1 Fourierpolynome mit $N = 1, 2, 5$ und 20

nimmt die Parsevalsche Gl. (3.7) hier die Gestalt

$$\sum_{n=1}^{\infty} \frac{1}{n^2} = \frac{\pi^2}{6}$$

an.

Die Rechteckfunktion Sei $0 < \alpha < \pi$. Für $-\pi < x < \pi$ setzen wir

$$f(x) := \begin{cases} \frac{\pi}{2}, & \text{falls } |x| < \alpha \\ 0, & \text{falls } \alpha \le |x| < \pi . \end{cases}$$

Hier handelt es sich um eine gerade Funktion, daher verschwinden die Fourierkoeffizienten $b_1, b_2, \ldots$, und es gilt $a_0 = \alpha$ und

$$a_n = \frac{1}{2} \int_{-\alpha}^{\alpha} \cos nx \, dx = \frac{\sin n\alpha}{n}.$$

Wir erhalten

$$f(x) = \frac{\alpha}{2} + \sin \alpha \cos x + \frac{\sin 2\alpha}{2} \cos 2x + \frac{\sin 3\alpha}{3} \cos 3x + \cdots \qquad (3.11)$$

als Fourierreihe.

Abfall der Fourierkoeffizienten In den beiden Beispielen fallen die Fourierkoeffizienten a_n bzw. b_n wie $1/n$. Dies ist typisch für periodische Funktionen, die einzelne Sprünge aufweisen und dazwischen glatt sind. Etwas allgemeiner betrachten wir für 2ℓ-periodische Funktionen f und $\tau > 0$ das Integral

$$I_\tau = \int_{-\ell}^{\ell} f(x)e^{-i\tau x}\,dx.$$

Wir nehmen an, dass es endlich viele Stellen $-\ell \le z_1 < z_2 < \cdots < z_k < \ell$ gibt, zwischen denen f stetig differenzierbar ist derart, dass an den Stellen z_j für die Ableitung f' die links- und rechtsseitigen Limiten $f'(z_j-)$ und $f'(z_j+)$ existieren. Dann hat man dort auch die Limiten $f(z_j-)$ und $f(z_j+)$. Gibt es nur eine solche Sprungstelle z, so folgt für $\tau \ne 0$ aufgrund von Periodizität und mittels partieller Integration

$$\begin{aligned}
I_\tau &= \int_z^{z+2\ell} f(x)e^{-i\tau x}\,dx \\
&= (f(z+) - f(z-))\frac{e^{-i\tau z}}{i\tau} + \int_z^{z+2\ell} f'(x)\frac{e^{-i\tau x}}{i\tau}\,dx,
\end{aligned} \tag{3.12}$$

und also

$$I_\tau = O(|\tau|^{-1}) \tag{3.13}$$

für $|\tau| \to \infty$. Der Fall mehrerer Sprungstellen unterscheidet sich nicht wesentlich, dann vollführt man partielle Integrationen auf den Abschnitten zwischen den Sprungstellen. Insbesondere haben wir $c_n = O(|n|^{-1})$ für die Fourierkoeffizienten.

Bei glatteren Funktionen fallen die Fourierkoeffizienten schneller, z. B. für Funktionen mit Knicken, wie wir sie in Kap. 2 betrachtet haben. Sei nun f stetig mit endlich vielen Knickstellen in $[-\ell, \ell]$. Zwischen ihnen sei f zweimal stetig differenzierbar derart, dass an den Knickstellen z die Limiten $f''(z-)$ und $f''(z+)$ existieren. Auch hier können wir (3.12) zur Anwendung bringen, wobei nun aufgrund der Stetigkeit von f die von der partiellen Integration herrührenden Randterme sich aufheben. Wir erhalten

$$I_\tau = \frac{1}{i\tau} \int_{-\ell}^{\ell} f'(x)e^{-i\tau x}\,dx.$$

Nun weist f' das soeben beschriebene Sprungverhalten auf. Deswegen können wir (3.12) ein zweites Mal anwenden und erhalten für $|\tau| \to \infty$

$$I_\tau = O(|\tau|^{-2}), \tag{3.14}$$

und $c_n = O(|n|^{-2})$ für die Fourierkoeffizienten.

Offenbar kann man dieses Vorgehen bei wachsender Glattheit von f iterieren. Ist z. B. f r-mal stetig differenzierbar, so ergibt sich $c_n = O(|n|^{-r})$. Mithilfe des Lemma von Riemann-Lebesgue, für das wir auf die Literatur verweisen, folgt dann sogar $c_n = o(|n|^{-r})$.

Fourierdarstellung von Wellen Fourierreihen eröffnen einen neuen Blick auf Wellenbewegungen. Wir betrachten das periodische Schwingen einer Saite der Länge ℓ, beschrieben durch ihre Auslenkung $u(t, x)$ an der Stelle $0 \le x \le \ell$ zur Zeit $t \ge 0$ bei fixierten Endpunkten $u(t, 0) = u(t, \ell) = 0$. Dazu greifen wir auf die uns aus Proposition 2.2 bekannten Darstellung der Bewegung als

$$u(t, x) = h(ct + x) - h(ct - x) , \quad 0 \le x \le \ell , \; t \ge 0.$$

zurück, mit einer Funktion $h : \mathbb{R} \to \mathbb{R}$ der Periode 2ℓ. Dann hat die Funktion $f(x) := h(\ell x/\pi)$, $x \in \mathbb{R}$, die Periode 2π und besitzt damit eine Fourierreihe, wie wir sie bisher behandelt haben. Auf $h(x)$ übertragen ergibt sich die Darstellung

$$h(x) = \sum_{n=-\infty}^{\infty} c_n e^{inkx} , \tag{3.15}$$

mit $k := \pi/\ell$ und

$$c_n = \frac{1}{2\pi} \int_{-\pi}^{\pi} h(\ell x/\pi) e^{-inx} \, dx = \frac{1}{2\ell} \int_{-\ell}^{\ell} h(x) e^{-inkx} \, dx.$$

Es folgt

$$u(t, x) = \sum_{n=-\infty}^{\infty} c_n e^{in\omega t} (e^{inkx} - e^{-inkx})$$

$$= 2i \sum_{n=-\infty}^{\infty} c_n e^{in\omega t} \sin nkx,$$

mit $\omega := ck$. Der zu $n = 0$ gehörige Summand verschwindet. Schreiben wir noch die komplexen Zahlen $-4c_n$ für $n > 0$ in Polarform,

$$-4c_n = A_n e^{i\theta_n} \tag{3.16}$$

mit reellen Zahlen A_n und $\theta_n \in [0, 2\pi)$, so folgt wegen $c_{-n} = \bar{c}_n$

$$2i(c_n e^{in\omega t} - c_{-n} e^{-in\omega t}) = \frac{A_n}{2i}(e^{i(n\omega t + \theta_n)} - e^{-i(n\omega t + \theta_n)})$$

$$= A_n \sin(n\omega t + \theta_n)$$

und schließlich

$$u(t, x) = \sum_{n=1}^{\infty} A_n \sin(n\omega t + \theta_n) \sin nkx. \tag{3.17}$$

In dieser Darstellung ist die Wellenbewegung u eine Überlagerung von stehenden Wellen wie in (2.1), von *Eigenschwingungen* oder *Moden* der schwingenden Saite, mit Amplituden A_n und phasenverschoben um die Winkel θ_n. Jede einzelne Mode $u_n(t, x) := A_n \sin(n\omega t + \theta_n)$ $\sin(nkx)$ genügt der Wellengleichung und den Randbedingungen $u_n(t, 0) = u_n(t, \ell) = 0$.

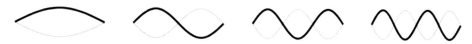

Abb. 3.2 Moden der schwingenden Saite

Ihre Gestalt ist durch den Faktor $\sin(nkx)$ gegeben, welcher mit der zeitlich variablen Amplitude $A_n \sin(n\omega t + \theta_n)$ versehen ist. Abb. 3.2 zeigt die ersten vier Moden.

Angesichts der Beispiele aus Kap. 2 interessiert besonders der Fall, dass die Funktion h stetig und stückweise 2-mal stetig differenzierbar ist, mit Knickstellen, wie bei Formel (3.14) beschrieben. Wegen $|A_n| = 4|c_n|$ ergibt (3.14) für $n \to \infty$

$$A_n = O(n^{-2}),$$

und es folgt gleichmäßige Konvergenz für die Fourierreihe (3.17) (vgl. auch Proposition 3.2).

3.4   Anwendung auf Instrumente

Die Fourierreihen erlauben uns Einblicke in das Klangspektrum verschiedener Instrumente.

Bei Saiteninstrumenten wie der Geige oder dem Klavier erreichen die periodischen Schwingungen der Saiten das Ohr nicht auf direktem Weg, diese Wirkung ist zu schwach. Die Schwingungen werden erst auf den Resonanzkörper des Instruments übertragen und gelangen von dort in die Luft und zum Ohr.

Bei der Geige lässt sich dieser Vorgang gut nachvollziehen. Hier wirken die Schwingungen der Saiten auf den Steg ein, sie zerren ihn periodisch hin und her, in Richtung der Bewegung des Bogens. Es resultiert ein Vibrieren des Stegs, das sich auf den Korpus überträgt. Der Mechanismus ist in Abb. 3.3 ersichtlich, die einen Querschnitt durch den Korpus der Geige in Höhe des Stegs skizziert: Durch den Stimmstock im Inneren des Korpus ist der rechte Fuß des Stegs weitgehend fixiert, während der andere in seiner Beweglichkeit weniger eingeschränkt ist und schwingen kann, nun in vertikaler Richtung. Auf diese Weise gerät auch die Decke der Geige in Bewegung. Zudem überträgt der Stimmstock diese Schwingungen auf den restlichen Korpus (und der unter dem linken Fuß geleimte Bassbalken modifiziert die Dynamik weiter). Die Schwingungen teilen sich der den Korpus umgebenden Luft mit, und es entsteht der Klang, wie ihn das Ohr wahrnimmt.

Abb. 3.3 Querschnitt durch
die Geige in Höhe des Stegs

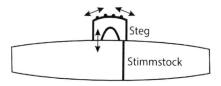

Für die Bewegung des Stegs sind die Kräfte entscheidend, die am Steg durch die Auslenkung der Saite aus der Ruhelage entstehen. Sie sind senkrecht zur Saite und parallel zum Bogen ausgerichtet. Bezeichnen wir die Auslenkung der Saite der Länge ℓ aus der Ruhelage an der Stelle $x \in [0, \ell]$ zur Zeit $t \geq 0$ wieder als $u(t, x)$, und befindet sich der Steg an der Stelle $x = 0$, so ist die zu bestimmenden Querkraft proportional zur Steigung von u an der Stelle $x = 0$, zur partiellen Ableitung $u_x(t, 0)$.

Gezupfte Saiten Für gezupfte Saiten lassen sich die Kräfte am Steg aus der Gl. (2.15) für u_x ermitteln. Wir schreiben sie als

$$\frac{k}{4}u_x(s/\omega, 0) = -\frac{zk}{2} + \begin{cases} \frac{\pi}{2} & \text{für } 0 \leq s < zk\,, \\ 0 & \text{für } zk < s < 2\pi - zk\,, \\ \frac{\pi}{2} & \text{für } 2\pi - zk < s \leq 2\pi, \end{cases}$$

mit $k = \pi/\ell$ und $\omega = ck$. Ein Vergleich mit Formel (3.11) bei der Wahl $\alpha = zk$ ergibt die Fourierreihe

$$u_x(t, 0) = \sum_{n=1}^{\infty} \frac{4 \sin nkz}{nk} \cos n\omega t\,, \quad t \geq 0.$$

Diese Gleichung beschreibt die Zerlegung eines gezupften Tons in seine Teiltöne. Die einzelnen Sinustöne klingen farblos, erst in ihrer Überlagerung gewinnen sie Charakter. Ihre Frequenzen sind Vielfache von $\omega/2\pi$, wie wir dies für harmonische Teiltöne ja schon dargelegt haben. Die Stärke der einzelnen Teiltöne ist durch die Fourierkoeffizienten $4 \sin(nkz)/nk$ gegeben. Dabei bleibt zu bedenken, dass der Korpus des Instruments und seine Resonanzen den Klang weiter formen.

Offenbar hängt die Stärke der Teiltöne davon ab, an welcher Stelle z die Saite gezupft wird. Wir sehen, dass für $z = \ell/2$ der zweite Fourierkoeffizient verschwindet und damit der erste Oberton, die Oktave zum Grundton, nicht mitschwingt (wie auch der dritte, fünfte,... Oberton). Dies kann man beim Zupfen einer Saite genau in ihrer Mitte deutlich wahrnehmen. Der zweite Oberton mit Frequenzverhältnis 1:3 (Quinte modulo Oktave) verstummt im Fall $z = \ell/3$ oder $z = 2\ell/3$. Analoges gilt für die weiteren Obertöne. Insbesondere kann man so den 6. Oberton, die etwas unsaubere, doppelt oktavierte Naturseptime mit Frequenzverhältnis 1:7 ausschalten. (Tatsächlich treffen bei modernen Klavieren die Hämmer die Saiten an Stellen, an denen dieser Oberton nicht anspricht.)

Diese Feststellungen werden verständlich, wenn man die Bewegung der gesamten Saite in eine Fourierreihe wie in (3.17) entwickelt. Dazu setzen wir in (3.15) $h = h_z$. Da diese Funktion ungerade ist, gilt

$$c_n = \frac{1}{2\ell} \int_{-\ell}^{\ell} h_z(x) e^{-inkx} \, dx$$

$$= \frac{-i}{\ell} \int_0^{\ell} h_z(x) \sin nkx \, dx$$

$$= \frac{-i}{\ell} \left(\int_0^z (\ell - z) x \sin nkx \, dx + \int_z^{\ell} z(\ell - x) \sin nkx \, dx \right).$$

Mithilfe von partiellem Integrieren folgt

$$c_n = -i \frac{\sin nkz}{(nk)^2}.$$

Für (3.16) erhalten wir $A_n = 4(nk)^{-2} \sin nkz$ und $\theta_n = \pi/2$. Damit ergibt (3.17) die Formel

$$u(t, x) = \sum_{n=1}^{\infty} \frac{4 \sin nkz}{(nk)^2} \cos n\omega t \cdot \sin nkx.$$

Nun leuchtet ein, dass man etwa im Fall $z = \ell/2$, beim Zupfen genau in der Mitte, die zweite Mode $\cos 2\omega t \cdot \sin 2kx$ nicht zum Schwingen anregt, sie hat nämlich in der Mitte einen Knoten. Generell wird man eine Mode nicht anregen, wenn man die Saite an einer ihrer Knoten zupft, dann verschwindet der entsprechende Fourierkoeffizient.

Gestrichene Saiten Auch im idealen Modell der Helmholtzbewegung sind die Kräfte der Saite am Steg resp. die partielle Ableitung $u_x(t, 0)$ schnell ermittelt. Nach den Formeln (2.17) und (2.18) bestimmt sie sich als

$$u_x(t, 0) = \ell - ct, \ 0 < ct < 2\ell.$$

Periodisch fortgesetzt ergibt sich eine Funktion der Periode $2\ell/c$, die an den Stellen $2a\ell/c$ einen Sprung der Größe 2ℓ hat. Wir erhalten eine Sägezahnfunktion. Indem wir die Gleichung für $u_x(t, 0)$ zu

$$\frac{k}{2} u_x(s/\omega, 0) = \frac{\pi - s}{2}, \ 0 < s < 2\pi, \ \text{ mit } k := \frac{\pi}{\ell}, \ \omega := ck,$$

umschreiben, können wir direkt auf die Formel (3.10) zurückgreifen und erhalten die Fourierreihe

$$u_x(t, 0) = \sum_{n=1}^{\infty} \frac{2}{nk} \sin n\omega t.$$

Diese Formel bietet die Zerlegung des Geigentones in Sinustöne, in den Grundton und die Obertöne des Geigenklangs. Die Amplituden $2/nk$ fallen mit wachsendem n vergleichsweise langsam ab. Dem entspricht, dass die Geige kräftige Obertöne besitzt, ausgeprägter als bei vielen anderen Instrumenten. Auch hier bleibt zu berücksichtigen, dass das Klangspektrum durch den Korpus weiter geformt wird.

Um auch die Bewegung der ganzen Saite in Teilmoden zu erhalten, setzen wir in (3.15) $h = h_H$, gegeben durch die Formel (2.20). Hier handelt es sich um eine gerade Funktion, also gilt

$$c_n = \frac{1}{2\ell} \int_{-\ell}^{\ell} h_H(x) \cos nkx \, dx = \frac{1}{\ell} \int_0^{\ell} \frac{1}{4} x(2\ell - x) \cos nkx \, dx.$$

Partielles Integrieren ergibt

$$c_n = -\frac{1}{2(nk)^2}.$$

Gemäß (3.16) folgt $A_n = 2(nk)^{-2}$, $\theta_n = 0$. Nach (3.17) ist also die Fourierzerlegung der Helmholtzbewegung gegeben durch

$$u(t, x) = \sum_{n=1}^{\infty} \frac{2}{(nk)^2} \sin n\omega t \cdot \sin nkx.$$

Abweichungen von dieser idealen Schwingung beobachtet man, wenn die Saite an einem der Knoten einer Mode $\sin n\omega t \cdot \sin(nkx)$ gestrichen wird, also an einer Stelle $x = m\ell/n$ mit natürlichen Zahlen $1 \leq m < n$. Diese Mode trägt dann nicht zur Haftgleitbewegung des Bogens an der Stelle x bei. Tatsächlich wird sie nicht zum Schwingen angeregt, wie sich experimentell bestätigt. Es werden die Geraden der Helmholtzbewegung leicht wellig.

Holzbläser Bei den Blasinstrumenten sind es periodisch schwingende Luftsäulen, die Töne mit einem harmonischen Klangspektrum generieren. Hier ist der Schalldruck $p(t, x)$ in der Röhre die entscheidende Größe. Wie wir schon ausgeführt haben, unterscheiden sich die Instrumente in ihrer Bohrung wie auch in der Ausgestaltung der Röhrenenden.

Bei der *Flöte* erfüllt der Schalldruck die Gl. (2.9) zusammen mit (in erster Näherung) den Nebenbedingungen $p(t, 0) = p(t, \ell) = 0$. Hier können wir für den Druck also die Fourierentwicklung aus (3.17) annehmen. (In Abschn. 5.6 nehmen wir an diesen idealisierten Randbedingungen eine Korrektur vor.) In der Flötenröhre bauen sich Druckmoden wie in Abb. 3.4 auf.

Die *Oboe* hat eine konisch gebohrte Röhre, damit erfüllt $q(t, r) = rp(t, r)$ gemäß (2.10) die Wellengleichung bei den Randbedingungen $q(t, 0) = q(t, \ell) = 0$ (vgl. (2.33)), und für den Druck $p = q/r$ erhalten wir analog zu (3.17) die Fourierentwicklung

  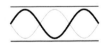 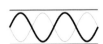

Abb. 3.4 Schwingungsmoden der Flöte

Abb. 3.5 Schwingungsmoden der Oboe

$$p(t, r) = \sum_{n=1}^{\infty} A_n \sin(n\omega t + \theta_n) \frac{\sin nkr}{r}.$$

Abb. 3.5 zeigt die Gestalt der Druckmoden $\sin(nkr)/r$ bei der Oboe.

Die Schwingungen in der *Klarinette* folgen einem dritten Muster, da die Röhre der Klarinette an einem Ende geschlossen ist. Wir setzen es an die Stelle $x = \ell$, dann kommt Proposition 2.2 (ii) zur Anwendung. Wir haben also

$$p(t, x) = h(ct + x) - h(ct - x),$$

nun mit einer Funktion h der Periode 4ℓ. Dies ergibt die Fourierdarstellung

$$h(x) = \sum_{n=-\infty}^{\infty} c_n e^{inkx},$$

nun mit

$$k := \frac{\pi}{2\ell},$$

und den Fourierkoeffizienten

$$c_n := \frac{1}{4\ell} \int_{-2\ell}^{2\ell} h(x) e^{-inkx} \, dx.$$

Auch können wir in Proposition 2.2 (ii) $d = 0$ bzw. die Symmetrieeigenschaft $h(x + 2\ell) = -h(x)$ annehmen. Sie hat zur Folge, dass die Fourierkoeffizienten c_n für gerades n verschwinden. Deswegen erhalten wir die Fourierdarstellung

$$p(t, x) = \sum_{m=0}^{\infty} A_{2m+1} \sin\big((2m+1)\omega t + \theta_{2m+1}\big) \sin\big((2m+1)kx\big).$$

Wie schon früher in Abschn. 2.4 angesprochen, treten die besonderen akustischen Charakteristika der Klarinette zum Vorschein. Der Grundton $\omega = \pi c/2\ell$ hat im Vergleich zur Flöte oder Oboe bei gleicher Länge ℓ der Röhre nur die halbe Frequenz, er ist eine Oktave tiefer. Außerdem verschwindet jeder zweite Teilton. Die Moden der übrigen Teiltöne sind in Abb. 3.6 dargestellt.

   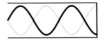

Abb. 3.6 Schwingungsmoden der Klarinette

3.5 Tremolo und Vibrato

Ein Chor klingt anders als eine Solostimme, und eine Streichergruppe anders als eine Solo-geige. Den Unterschied führt man darauf zurück, dass auch bei sauberem Spiel die Musiker in der Gruppe die Töne leicht unterschiedlich intonieren. In der Akustik spricht man vom *Choruseffekt*.

Im einfachsten Fall sind zwei Stimmen beteiligt. Ertönen sie mit leicht unterschiedlichen Frequenzen, so hört man eine *Schwebung*. Der Ton ändert periodisch seine Lautstärke. Die folgende Formel mit $\omega > 0$ und sehr viel kleinerem $\varepsilon > 0$ macht das Phänomen verständlich:

$$
\begin{aligned}
\cos(\omega + \varepsilon)t &+ \cos(\omega - \varepsilon)t \\
&= \frac{1}{2}\left(e^{i(\omega+\varepsilon)t} + e^{-i(\omega+\varepsilon)t}\right) + \frac{1}{2}\left(e^{i(\omega-\varepsilon)t} + e^{-i(\omega-\varepsilon)t}\right) \\
&= \frac{1}{2}\left(e^{i\varepsilon t} + e^{-i\varepsilon t}\right)\left(e^{i\omega t} + e^{-i\omega t}\right) \\
&= 2\cos\varepsilon t \cdot \cos\omega t.
\end{aligned}
\tag{3.18}
$$

Die Summe der beiden Schwingungen $\cos((\omega\pm\varepsilon)t)$ kann man also als eine schnelle Schwin-gung $\cos(\omega t)$ mit einer langsam variierenden Amplitude $A_\varepsilon(t) = 2\cos(\varepsilon t)$ auffassen. Man spricht von einer *Amplitudenmodulation* (Abb. 3.7). Die Frequenz der Amplitudenschwin-gung ist $\varepsilon/2\pi$. Da man aber pro Periode dem Absolutbetrag nach zwei Maxima und zwei Minima von $\cos\varepsilon t$ hat, hört man die Schwebung in doppelter Frequenz

$$
f = \frac{\varepsilon}{\pi},
$$

was ja auch gleich der Differenz $2\varepsilon/(2\pi)$ in den Frequenzen der beiden Schwingungen $\cos((\omega \pm \varepsilon)t)$ ist.

Schwebungen sind nicht immer ein Störfaktor, sie können einem Ton auch Volumen verleihen. Bei der Orgel kommen sie im sog. Schwebungsregister zur Anwendung. Auf

Abb. 3.7 Amplitudenmodulation

Abb. 3.8 Klavierstimmen nach
Benade

diesem Effekt beruht auch das Tremolo eines Akkordeons: Jeder Ton entsteht hier aus zwei
oder drei leicht gegeneinander verstimmten Stimmzungen.

Beispiel
Schwebungen können auch aus Obertönen resultieren. In einer reinen Quinte stimmt der zweite
Oberton des tieferen Grundtons mit dem ersten Oberton des oberen Grundtons überein. In der gleichstufigen Stimmung entstehen Schwebungen zwischen diesen beiden Obertönen. Benade entwickelte
daraus ein Schema zur gleichstufigen Stimmung von Tasteninstrumenten (Abb. 3.8, vgl. Aufgaben).

Wir wollen nun auch das Vibrato einer Stimme oder eines Instruments mit dem Choruseffekt
in Beziehung bringen. Anders als bei einer Schwebung wird beim Vibrato nicht mehr die
Amplitude moduliert, sondern die Frequenz. Bei Geige und Cello geschieht dies durch eine
schwingende Bewegung der Hand am Griffbrett mit dem Effekt, dass sich die Länge der
Saite und damit ihre Grundfrequenz rythmisch verändert. Als mathematisches Modell des
Vorgangs dient zu vorgegebenen Parametern $\omega, z, \varepsilon > 0$ die Funktion

$$\cos(\omega t + \theta(t)) \,, \ t \geq 0 \,, \ \text{mit} \ \theta(t) := z \sin \varepsilon t,$$

sodass also der Phasenmodulator $\theta(t)$ periodisch in t variiert. Dies macht sich in einem regel-
mäßigen Verdichten und Verdünnen der vom Cosinus herrührenden Oszillationen bemerkbar, wie in Abb. 3.9 dargestellt. Man kann dies auch ein Schwingen in der Frequenz auffassen.
Die Kreisfrequenz ist die Geschwindigkeit, in der sich der Phasenwinkel $\omega t + \theta(t)$ verändert,
also gleich

$$\omega(t) := \omega + \theta'(t) = \omega + \varepsilon z \cos \varepsilon t.$$

Sie variiert periodisch um die Trägerfrequenz ω. Man spricht hier von einer *Frequenzmodulation*.

Der Unterschied zwischen Vibrato und Tremolo ist augenfällig. Für das Gehör ist jedoch
nicht der Augenschein ausschlaggebend, sondern die jeweiligen Anteile an Sinustönen.
Beim Tremolo haben wir sie uns vorgegeben. Um sie auch für das Vibrato zu gewinnen,

Abb. 3.9 Frequenzmodulation

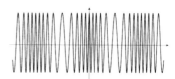

benutzen wir die Fourierdarstellung der 2π-periodischen Funktion $f(x) = \exp(iz \sin x)$ mit reellem Parameter z. Sie ist gegeben durch

$$\exp(iz \sin x) = \sum_{n=-\infty}^{\infty} J_n(z) e^{inx} \tag{3.19}$$

mit den Fourierkoeffizienten

$$J_n(z) := \frac{1}{2\pi} \int_{-\pi}^{\pi} e^{i(z \sin x - nx)} \, dx \, , \ n \in \mathbb{Z}.$$

Der Imaginärteil $i \sin(z \sin x - nx)$ des Integranden ist eine ungerade Funktion und verschwindet bei der Integration. Auch ist der Realteil eine gerade Funktion, daher können wir

$$J_n(z) = \frac{1}{\pi} \int_0^{\pi} \cos(z \sin x - nx) \, dx \tag{3.20}$$

schreiben. J_n heißt *Besselfunktion der Ordnung n* (Abb. 3.10). Speziell für $z = 0$ erhalten wir

$$J_0(0) = 1 \, , \quad J_n(0) = 0 \text{ für } n \neq 0.$$

Die Parsevalgleichung (3.7) ergibt

$$\sum_{n=-\infty}^{\infty} J_n(z)^2 = 1$$

für alle $z \in \mathbb{R}$. Weiter gilt

$$\int_0^{\pi} \cos(z \sin x + nx) \, dx = \int_0^{\pi} \cos(z \sin(\pi - x) + n(\pi - x)) \, dx$$

$$= \int_0^{\pi} \cos(z \sin x - nx + n\pi) \, dx,$$

und damit wegen $\cos(x + n\pi) = (-1)^n \cos x$

$$J_{-n}(z) = (-1)^n J_n(z).$$

Aus (3.19) ergibt sich die *Jacobi-Anger Entwicklung*

$$e^{i(\omega t + z \sin \varepsilon t)} = \sum_{n=-\infty}^{\infty} J_n(z) e^{i(\omega + n\varepsilon)t}$$

und, bei Übergang zum Realteil, für die Frequenzmodulation die Darstellung

$$\cos(\omega t + z \sin \varepsilon t) = \sum_{n=-\infty}^{\infty} J_n(z) \cos(\omega t + n\varepsilon t)$$

$$= J_0(z) \cos \omega t$$
$$+ J_1(z)(\cos(\omega t + \varepsilon t) - \cos(\omega t - \varepsilon t))$$
$$+ J_2(z)(\cos(\omega t + 2\varepsilon t) + \cos(\omega t - 2\varepsilon t))$$
$$+ J_3(z)(\cos(\omega t + 3\varepsilon t) - \cos(\omega t - 3\varepsilon t))$$
$$+ \cdots$$

Diese Darstellung tritt beim Vibrato an die Stelle der Formel (3.18) für das Tremolo. Der Frequenzabstand der Seitenbänder ist durch ε gegeben, die Fourierkoeffizienten werden durch den *Modulationsindex* z bestimmt. Für $z = 0$ verschwinden wegen $J_n(0) = 0$ für $n \neq 0$ alle Summanden bis auf den ersten. Für $z \neq 0$ treten die *Seitenbänder* mit den Kreisfrequenzen $\omega \pm n\varepsilon$ auf, die dem Vibrato sein Volumen und seine Wirkung geben. Mit wachsender Intensität z des Vibratos machen sie sich mehr und mehr bemerkbar. Bei der ersten Nullstelle von J_0 machen nur noch sie den Klang aus.

Beispiel John Chownings Synthesizer:
Der Vibratoeffekt entsteht, wenn ε sehr viel kleiner als die Trägerfrequenz ω ist. Interessant ist aber auch der Fall $\varepsilon = \omega$, dann entsteht ein harmonisches Spektrum, wie man mittels Umstellen der Jacobi-Anger Formel und der Gleichung $\cos(-x) = \cos x$ erkennt:

$$\cos(\omega t + z \sin(\omega t))$$
$$= -J_1(z) + (J_0(z) + J_2(z)) \cos(\omega t) + (J_1(z) - J_3(z)) \cos(2\omega t) + \cdots$$

Durch Variieren der Intensität z lässt sich das Klangspektrum verändern. Der Fall, dass die Zahl ε/ω rational ist, führt zu neuen obertonhaltigen harmonischen Klangspektren. Auf dieser Idee beruht das von John Chowning in den 80er Jahren entwickelten elektronische Musikinstrument, der erste kommerziell erfolgreiche Synthesizer.

▶ **Bemerkung**   Amplitudenmodulation (AM) wie Frequenzmodulation (FM) spielen eine wichtige Rolle in der Telekommunikation. Hier benutzt man die Modulation einer Schwin-

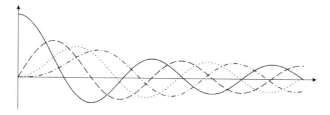

Abb. 3.10 Besselfunktionen der Ordnung $n = 0, 1, 2, 3$

gung von hoher Trägerfrequenz $\omega/2\pi$, um Information zu übertragen. Hat man wie beim Radio mehrere Kanäle, so dürfen sich deren Trägerfrequenzen samt Seitenbändern nicht ins Gehege kommen. Andererseits dürfen die Seitenbänder nur marginal unterdrückt werden, sonst ist die Datenübertragung grob verfälscht. Bei der Frequenzmodulation stellt sich also die Frage, wieviele der unendlich vielen Seitenbändern wirklich gebraucht werden, anders ausgedrückt, welches Fourierpolynom f_N man zur Approximation von $f(t) = e^{i(\omega t + z \sin \varepsilon t)}$ heranzieht. Ein geeignetes Kriterium bietet der Ausdruck

$$R(N, z) = 1 - \sum_{n=-N}^{N} J_n(z)^2.$$

Er bezeichnet in Begriffen der Physik den relativen Verlust von übertragener Leistung, der der Approximation geschuldet ist. In der Telekommunikation ist für die Bestimmung von N die *Regel von Carson* gebräuchlich: Abhängig vom Modulationsindex z berücksichtigt man alle Seitenbänder mit einem Index $n \in [-z-1, z+1]$, die restlichen lässt man beiseite. Man wählt also $N = \lfloor z \rfloor + 1$, mit der größten natürlichen Zahl $\lfloor z \rfloor$ kleiner oder gleich z. Daraus errechnet sich eine gewisse Bandbreite von Frequenzen, die für jeden Kanal reserviert wird. Eine numerische Auswertung zeigt, dass man bei ganzzahligem z mit Carsons Regel $R(N, z) \leq 0,02$ erhält, und $R(N, z) \leq 0,04$ bei beliebigem z.

Wir kommen in Kap. 4 auf die Besselfunktionen zurück, dort werden wir ihren globalen Verlauf genauer in Augenschein nehmen. In diesem Abschnitt leiten wir noch eine Darstellung für die Funktionen $J_n(z)$ ab, die ihr Verhalten für z nahe bei 0 aufklärt. Sie ergibt sich aus einem alternativen Zugang zur Fourierreihe von $\exp(iz \sin x)$. Wir nutzen den folgenden Sachverhalt.

Proposition 3.2 *Seien j_n, $n \in \mathbb{Z}$, komplexe Zahlen mit der Eigenschaft $\sum_{n \in \mathbb{Z}} |j_n| < \infty$. Dann ist durch*

$$f(x) := \sum_{n \in \mathbb{Z}} j_n e^{inx}, \quad x \in \mathbb{R},$$

(punktweise Konvergenz) eine 2π-periodische Funktion definiert. f ist stetig und es gilt für alle $n \in \mathbb{Z}$

$$j_n = \frac{1}{2\pi} \int_{-\pi}^{\pi} f(x) e^{-inx}\, dx.$$

Die Fourierpolynome f_N sind hier gleichmäßig gegen f konvergent.

Beweis Offenbar ist die f definierende Summe gleichmäßig konvergent. Damit ist f wohldefiniert, stetig und auch periodisch. Weiter gibt es nach Annahme zu vorgegebenem $\varepsilon > 0$ eine natürliche Zahl N_0, die $\sum_{|m| > N} |j_m| \leq \varepsilon$ für alle $N \geq N_0$ erfüllt. Es folgt für alle $x \in \mathbb{R}$ und $N \geq N_0$

$$\left| f(x)e^{-inx} - \sum_{m=-N}^{N} j_m e^{i(m-n)x} \right| = \left| f(x) - \sum_{m=-N}^{N} j_m e^{imx} \right| \le \sum_{|m|>N} |j_m e^{imx}| \le \varepsilon.$$

Durch Integration ergibt sich unter Beachtung von (3.2) für $|n| \le N$

$$\left| \frac{1}{2\pi} \int_{-\pi}^{\pi} f(x)e^{-inx}\,dx - j_n \right| \le \varepsilon.$$

Indem wir N gegen unendlich streben lassen, sehen wir, dass diese Ungleichung für alle $n \in \mathbb{Z}$ gilt. Nun können wir ε gegen 0 laufen lassen, und es folgen alle Behauptungen. □

Proposition 3.3 *Für $z \in \mathbb{R}$ und ganze Zahlen $n \ge 0$ gilt*

$$J_n(z) = \left(\frac{z}{2}\right)^n \sum_{k=0}^{\infty} \frac{(-1)^k}{(k+n)!k!} \left(\frac{z}{2}\right)^{2k}$$

und folglich für $z \to 0$

$$J_n(z) \sim \frac{1}{n!} \left(\frac{z}{2}\right)^n.$$

Beweis Wir gewinnen die Fourierreihe für $f(x) = \exp(iz \sin x)$ in alternativer Darstellung. Sei $u := e^{ix}$, dann gilt $2i \sin x = u - u^{-1}$ und

$$\exp(iz \sin x) = \exp\left(\frac{zu}{2}\right) \exp\left(-\frac{z}{2u}\right)$$

$$= \sum_{j=0}^{\infty} \frac{1}{j!} \left(\frac{zu}{2}\right)^j \sum_{k=0}^{\infty} \frac{(-1)^k}{k!} \left(\frac{z}{2u}\right)^k$$

$$= \sum_{j \ge k \ge 0} \frac{(-1)^k}{j!k!} \left(\frac{z}{2}\right)^{j+k} u^{j-k} + \sum_{k > j \ge 0} \frac{(-1)^k}{j!k!} \left(\frac{z}{2}\right)^{j+k} u^{j-k}.$$

Diese Umordnung der Summation ist zulässig, da die Reihen absolut konvergieren. Indem wir $n = |j - k|$ setzen, folgt mit einer weiteren Umordnung

$$\exp(iz \sin x)$$

$$= \sum_{k=0}^{\infty} \sum_{n=0}^{\infty} \frac{(-1)^k}{(k+n)!k!} \left(\frac{z}{2}\right)^{2k+n} u^n + \sum_{j=0}^{\infty} \sum_{n=1}^{\infty} \frac{(-1)^{j+n}}{j!(j+n)!} \left(\frac{z}{2}\right)^{2j+n} u^{-n}$$

$$= \sum_{n=0}^{\infty} j_n e^{inx} + \sum_{n=1}^{\infty} (-1)^n j_n e^{-inx} \tag{3.21}$$

mit

$$j_n := \sum_{k=0}^{\infty} \frac{(-1)^k}{(k+n)!k!} \left(\frac{z}{2}\right)^{2k+n}$$

für $n \geq 0$. Zudem gilt

$$|j_n| \leq \left(\frac{|z|}{2}\right)^n \frac{1}{n!} \sum_{k=0}^{\infty} \frac{1}{k!} \left(\frac{|z|}{2}\right)^{2k} = \frac{1}{n!} \left(\frac{|z|}{2}\right)^n e^{z^2/4},$$

und folglich $\sum_{n \geq 0} |j_n| \leq e^{|z|/2+z^2/4} < \infty$. Es handelt sich also bei (3.21) nach der vorigen Proposition um die Fourierentwicklung von $f(x) = \exp(iz \sin x)$. Ein Vergleich mit (3.19) ergibt die Behauptung. $\square$

Als Konsequenz von Proposition 3.2 können wir auch noch festhalten, dass es sich bei (3.19) und bei der Jacobi-Anger Formel um gleichmäßig konvergente Reihenentwicklungen handelt.

3.6   Die punktweise Konvergenz von Fourierreihen

Es gibt stetige periodische Funktionen, deren Fourierreihen in einzelnen Punkten nicht konvergieren. Folglich benötigt man für die punktweise Konvergenz einer Fourierreihe Regularitätsannahmen, wie im folgenden *Satz von Dirichlet*.

Satz 3.4 *Sei* $f : \mathbb{R} \to \mathbb{R}$ 2π-*periodisch mit endlich vielen Sprungstellen im Intervall* $[-\pi, \pi]$. *Zwischen den Sprungstellen sei* f *stetig differenzierbar derart, dass an Sprungstellen* x *die rechts- und linksseitigen Limiten* $f'(x+)$ *und* $f'(x-)$ *der Ableitung von* f *existieren. Dann konvergieren die Fourierpolynome* f_N *punktweise und für alle* $x \in \mathbb{R}$ *gilt*

$$\lim_{N \to \infty} f_N(x) = \begin{cases} f(x) & \text{in Stetigkeitsstellen von } f, \\ \frac{f(x+)+f(x-)}{2} & \text{in Sprungstellen.} \end{cases}$$

Beweis Unser Vorgehen ähnelt in der Anlage dem Beweis des Vollständigkeitssatzes 3.1. Wir schreiben die Fourierpolynome als

$$f_N(x) = \sum_{n=-N}^{N} e^{inx} \frac{1}{2\pi} \int_{-\pi}^{\pi} f(y) e^{-iny} \, dy = \frac{1}{2\pi} \int_{-\pi}^{\pi} f(y) D_N(x-y) \, dy$$

mit dem *Dirichletkern*

$$D_N(x) := \sum_{n=-N}^{N} e^{inx}. \qquad (3.22)$$

Wegen der Periodizität von f und D_N und wegen $D_N(-x) = D_N(x)$ haben wir auch

$$f_N(x) = \frac{1}{2\pi} \int_{-\pi}^{\pi} f(x-y) D_N(y)\, dy = \frac{1}{2\pi} \int_0^{\pi} (f(x+y) + f(x-y)) D_N(y)\, dy.$$

Nun geben wir dem Dirichletkern eine andere Gestalt. Es gilt

$$(e^{\frac{1}{2}ix} - e^{-\frac{1}{2}ix}) D_N(x) = \sum_{k=-N}^{N} (e^{i(k+\frac{1}{2})x} - e^{i(k-\frac{1}{2})x}) = e^{i(N+\frac{1}{2})x} - e^{-i(N+\frac{1}{2})x}$$

und damit gemäß $e^{ix} - e^{-ix} = 2i \sin x$ für $x \neq 2k\pi, k \in \mathbb{Z}$,

$$D_N(x) = \frac{\sin\left((N+\frac{1}{2})x\right)}{\sin \frac{x}{2}}. \qquad (3.23)$$

Aus (3.22) folgt außerdem $\int_{-\pi}^{\pi} D_N(x)\, dx = 2\pi$. Insgesamt führt das (in Stetigkeits- wie in Sprungstellen von f) zur Formel

$$f_N(x) - \frac{f(x+) + f(x-)}{2} = \frac{1}{2\pi} \int_0^{\pi} g(y) \sin\left((N+\frac{1}{2})y\right) dy$$

mit

$$g(y) := \begin{cases} \dfrac{f(x+y) - f(x+) + f(x-y) - f(x-)}{\sin \frac{y}{2}} & \text{für } 0 < y \leq \pi, \\[2mm] 2f'(x+) - 2f'(x-) & \text{für } y = 0. \end{cases}$$

Aufgrund der Annahmen an f ist g eine in 0 stetige Funktion.

Um den Beweis zu beenden, zeigen wir etwas allgemeiner für $\ell > 0$

$$I_\tau := \int_0^{\ell} g(y) \sin \tau y\, dy \to 0 \qquad (3.24)$$

für $\tau \to \infty$. Dazu zerlegen wir es mit einem $a \in (0, \ell)$ in

$$I_\tau = \int_0^a g(y) \sin \tau y\, dy + \frac{i}{2} \int_{-\ell}^{\ell} h(y) e^{-i\tau y}\, dy, \qquad (3.25)$$

mit einer ungeraden Funktion h, gegeben durch $h(y) = g(y)$ im Intervall $[a, \ell]$, durch $h(y) = 0$ im Intervall $(-a, a)$ und durch $h(y) = -g(-y)$ im Intervall $[-\ell, -a]$. h erbt dann alle Eigenschaften von f, wir können deswegen für die Funktion h (die man auch noch periodisch fortsetzen mag) auf die Formel (3.13) zurückgreifen. Folglich konvergiert das rechte Integral in (3.25) gegen 0. Weiter gibt es zu vorgegebenem $\varepsilon > 0$ ein $a > 0$, sodass das linke Integral in (3.25) für alle $\tau > 0$ dem Absolutbetrag nach kleiner als ε wird. Es folgt $|I_\tau| \le \varepsilon$ für τ ausreichend groß. Also strebt I_τ für gegen 0. $\square$

Offenbar ähneln die Dirichletkerne den oben eingeführten Fejérkernen. Ein wesentlicher Unterschied ist, dass die Dirichletkerne auch negative Werte annehmen, was sie weniger handlich macht. Skizzieren Sie den Verlauf beider Kerne!

Beispiel
Bekanntlich hat das Integral $\int_0^a \frac{\sin y}{y}\,dy$ nach dem Leibniz'schen Konvergenzkriterium für $a \to \infty$ einen Limes. Wir wollen ihn bestimmen, indem wir das Integral zu den Fourierpolynomen f_N der Funktion $f(x) = \sin(\frac{x}{2})/2x$, $-\pi < x < \pi$, (mit $f(0) = 1/4$) in Beziehung setzen. Es gilt

$$f_N(0) = \frac{1}{2\pi} \int_{-\pi}^{\pi} f(y) D_N(-y)\,dy = \frac{1}{2\pi} \int_{-\pi}^{\pi} \frac{\sin(N + \frac{1}{2})y}{2y}\,dy$$

$$= \frac{1}{2\pi} \int_0^{(N+\frac{1}{2})\pi} \frac{\sin y}{y}\,dy.$$

f ist in 0 stetig und erfüllt, periodisch fortgesetzt, die Voraussetzungen von Satz 3.4. Daher konvergiert $f_N(0)$ gegen 1/4 und es folgt im Grenzwert $N \to \infty$

$$\int_0^{\infty} \frac{\sin y}{y}\,dy = \frac{\pi}{2}. \tag{3.26}$$

Das Gibbs'sche Phänomen In der Nähe einer Sprungstelle zeigen die Fourierpolynome ein besonderes Verhalten. Die Fourierpolynome über- und unterschwingen dort die Grenzfunktion in charakteristischer Weise. Bei einer Rechteckfunktion sieht das für verschiedene N wie in der Abb. 3.11 aus. Das Bemerkenswerte ist, dass der Effekt mit wachsendem N nicht verschwindet, sondern nur näher an die Sprungstelle heranrückt. Der maximale Überschuss pendelt sich auf beiden Seiten einer Sprungstelle z bei rund 9 % der Sprunghöhe $|f(z+) - f(z-)|$ ein.

Für die Sägezahnfunktion s lässt sich dieses *Gibbs'sche Phänomen* ohne großen Aufwand nachrechnen. Nach (3.10) und nach (3.23) gilt für die die Ableitungen der Fourierpolynome s_N

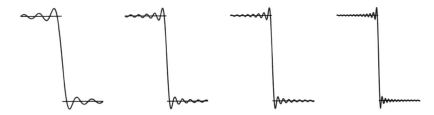

Abb. 3.11 das Gibbs'sche Phänomen

$$s'_N(x) = \sum_{n=1}^{N} \cos nx = \frac{1}{2} \sum_{n=-N}^{N} e^{inx} - \frac{1}{2} = \frac{\sin\left((N+\frac{1}{2})x\right)}{2\sin\frac{x}{2}} - \frac{1}{2}$$

und damit

$$s_N\left(\frac{u}{N}\right) = \int_0^{u/N} \frac{\sin(N+\frac{1}{2})x}{2\sin\frac{x}{2}}\,dx - \frac{u}{2N} = \int_0^u \frac{\sin(y+\frac{y}{2N})}{2\sin\frac{y}{2N}}\,\frac{dy}{N} - \frac{u}{2N}.$$

Wegen $\sin x \sim x$ für $x \to 0$ folgt im Limes $N \to \infty$

$$s_N\left(\frac{u}{N}\right) \to \int_0^u \frac{\sin y}{y}\,dy.$$

Aus dem Verlauf der Sinusfunktion erkennt man, dass das Integral seine Maxima an den Stellen $u = \pi, 3\pi, \ldots$ hat, und bei $u = 2\pi, 4\pi, \ldots$ die Minima. Das absolute Maximum wird bei $u = \pi$ angenommen, es hat den Wert

$$\int_0^\pi \frac{\sin y}{y}\,dy \simeq 1,179 \cdot \frac{\pi}{2}.$$

Damit wird $s(0+) = \pi/2$ von $s_N(\pi/N)$ um etwa 17,9 % übertroffen, d. h. der Überschuss beträgt rund 9 % der gesamten Sprunghöhe $s(0+) - s(0-) = \pi$ der Sägezahnfunktion im Punkt 0. Für andere periodische Funktionen mit Sprüngen gilt Analoges.

Einige Systeme für die Wiedergabe von Audiodateien wie der legendäre MP3 Player benutzen Fourierpolynome zur Kodierung von Klängen. Bei scharfen Akzenten, die zu Sprüngen in der Lautstärke führen, kommen dann die Gibbs-Oszillationen ins Spiel und können sich vor dem eigentlichen Signal als störendes Nebengeräusch bemerkbar machen. Der Vermeidung solcher „Vorechos" gilt einiges Augenmerk.

3.7 Die Fouriertransformation

Ein kurzes Geräusch, ein Knall wird nicht als Ton wahrgenommen. Der Schalldruck $p(t)$, $t \geq 0$, ist dann zeitlich keine periodische Funktion mehr. Wie der folgende Satz zeigt, können auch solche Funktionen als Überlagerung von harmonischen Schwingungen dargestellt werden, deren Frequenzen jedoch nicht mehr Vielfache einer Grundfrequenz sind, sondern sich kontinuierlich in den reellen Zahlen verteilen.

Satz 3.5 *Sei f eine stetig differenzierbare reellwertige (oder auch komplexwertige) Funktion auf den reellen Zahlen mit $\int_{-\infty}^{\infty} |f(x)|\,dx < \infty$. Dann ist für reelles v*

$$\hat{f}(\nu) := \int_{-\infty}^{\infty} f(x) e^{-i\nu x}\, dx$$

wohldefiniert. $\hat{f}$ *ist eine stetige Funktion und es gilt für alle reellen* x *die Umkehr-formel*

$$f(x) = \int_{-\infty}^{\infty} \hat{f}(\nu) e^{i\nu x}\, \frac{d\nu}{2\pi}.$$

$\hat{f}$ heißt die *Fouriertransformierte* von f. Die Darstellung von f als Überlagerung von harmonischen Schwingungen ist analog zur Formel (3.15) für periodische Funktionen (und kann aus (3.15) formal durch einen Grenzprozess gewonnen werden, siehe die Aufgaben). Dabei wird die Fourierreihe durch ein Integral ersetzt, und die Rolle der Fourierkoeffizienten c_n übernimmt die Fouriertransformierte $\hat{f}$. Man kann die Voraussetzungen des Satzes durch die einzige Annahme ersetzen, dass f quadratintegrabel ist, dann ist auch $\hat{f}$ quadratinte-grabel. Diese ansprechend symmetrische Version des Resultats ist als *Satz von Plancherel* bekannt. Seinen Beweis können wir hier nicht führen, in der Umkehrformel betrachten wir ein uneigentliches Integral.

Beweis Für die Aussagen über $\hat{f}$ verweisen wir auf Standardsätze der Integrationstheorie, insbesondere ergibt sich die Stetigkeit der Transformierten $\hat{f}$ aus der stetigen Abhängigkeit ihres Integranden von ν.

Zur Umkehrformel: Für $a > 0$ erhält man mit einer Vertauschung der Integrationsrei-henfolge

$$\int_{-a}^{a} e^{i\nu x} \hat{f}(\nu)\, \frac{d\nu}{2\pi} = \int_{-a}^{a} \int_{-\infty}^{\infty} f(y) e^{i\nu(x-y)}\, dy\, \frac{d\nu}{2\pi}$$

$$= \int_{-a}^{a} \int_{-\infty}^{\infty} f(x+y) e^{-i\nu y}\, dy\, \frac{d\nu}{2\pi} = \int_{-\infty}^{\infty} f(x+y) \frac{\sin ay}{\pi y}\, dy. \tag{3.27}$$

Das rechtsseitige Integral geht durch die Substitution $y \mapsto y/a$ in das Integral $\int_{-\infty}^{\infty} f(x + y/a) \frac{\sin y}{\pi y}\, dy$ über, mit Limes $f(x) \int_{-\infty}^{\infty} \frac{\sin y}{\pi y}\, dy = f(x)$ für $a \to \infty$ (siehe (3.26)). Das dieser Grenzübergang wirklich erlaubt ist, ergibt sich folgendermaßen. Für alle $b > 0$ haben wir

$$\int_{0}^{\infty} f(x+y) \frac{\sin ay}{y}\, dy$$

$$= f(x) \int_{0}^{b} \frac{\sin ay}{y}\, dy + \int_{0}^{b} g(y) \sin ay\, dy + \int_{b}^{\infty} f(x+y) \frac{\sin ay}{y}\, dy.$$

mit $g(y) = (f(x + y) - f(x))/y$. Rechts das erste Integral konvergiert nach (3.26), wie die Substitution $y \mapsto y/a$ zeigt, für $a \to \infty$ gegen $\pi/2$. Auf das zweite Integral können wir (3.24) anwenden, es konvergiert also gegen 0. Das dritte Integral schätzen wir durch $b^{-1} \int_{-\infty}^{\infty} |f(x)|\, dx$ ab, für ausreichend großes b ist es also für alle $a > 0$ kleiner als ein vorgegebenes $\varepsilon > 0$. Insgesamt konvergiert $\int_0^{\infty} f(x+y) \frac{\sin ay}{y}\, dy$ für $a \to \infty$ gegen $f(x)\pi/2$, und genauso $\int_{-\infty}^0 f(x+y) \frac{\sin ay}{y}\, dy$. Eingesetzt in (3.27) folgt die Behauptung des Satzes.   □

Die Unschärferelation Mit der Fouriertransformation werden zwei Variablen x und v zueinander in eine duale Beziehung gesetzt. In einem zeitlichen Kontext sind es die Zeit t und die Kreisfrequenz ω, genauer t und die Frequenz $\omega/2\pi$ (denn in der Umkehrformel wird nach $dv/2\pi$ integriert). Dabei stehen sie in einer inversen Zusammenhang: Je kürzer ein Knall $f(t)$ ausfällt, desto breiter gestaltet sich der Bereich der Frequenzen, ausgedrückt durch $\hat{f}(\omega)$, und umgekehrt. Dies ist aus der auf Heisenberg zurückgehenden Unschärferelation ersichtlich. Dazu seien

$$\mu := \frac{\int_{-\infty}^{\infty} x|f(x)|^2\, dx}{\int_{-\infty}^{\infty} |f(x)|^2\, dx} \quad , \quad \hat{\mu} := \frac{\int_{-\infty}^{\infty} v|\hat{f}(v)|^2\, dv}{\int_{-\infty}^{\infty} |\hat{f}(v)|^2\, dv}$$

gemittelte Werte der dualen Variablen und

$$\sigma^2 := \frac{\int_{-\infty}^{\infty} (x-\mu)^2|f(x)|^2\, dx}{\int_{-\infty}^{\infty} |f(x)|^2\, dx} \quad , \quad \hat{\sigma}^2 := \frac{\int_{-\infty}^{\infty} (v-\hat{\mu})^2|\hat{f}(v)|^2\, dv}{\int_{-\infty}^{\infty} |\hat{f}(v)|^2\, dv}$$

ihre mittleren quadratischen Abweichungen von den Mittelwerten. Die Unschärferelation lautet

$$\sigma \cdot \hat{\sigma} \geq \frac{1}{2}.$$

Kleine Werte von σ erzwingen also ein großes $\hat{\sigma}$, und kleines $\hat{\sigma}$ ein großes σ. Der Beweis der Ungleichung beruht auf der Cauchy-Schwarz Ungleichung für Integrale, wir gehen darauf in den Aufgaben ein.

Wann hört man einen Ton? Eine kurze, flüchtige Druckschwankung ergibt also keinen Ton. Das bedeutet aber nicht, dass ein strikt harmonisches Klangspektrum über einem Grundton erforderlich wäre, damit das Gehör einen Ton wahrnimmt. Empirisch zeigt sich ein Zusammenhang zur Autokorrelationsfunktion. Wir erläutern dies kurz für einen Schall, der sich aus endlich vielen harmonischen Komponenten mit Kreisfrequenzen $0 < \omega_1 < \cdots < \omega_N$ zusammensetzt und durch die Funktion

$$f(t) = \sum_{n=-N}^{N} c_n e^{i\omega_n t}$$

beschrieben ist, mit $\omega_{-n} = -\omega_n$ und Koeffizienten $c_n \in \mathbb{C}$. Nun brauchen also die $\omega_1, \ldots, \omega_N$ nicht mehr Vielfache einer Grundkreisfrequenz zu sein, eine annähernde Periodizität im Funktionsverlauf von f ist aber möglich. Diese lässt sich aus der *Autokorrelationsfunktion* ablesen. Sie ist definiert als

$$c(T) := \lim_{\tau \to \infty} \frac{1}{\tau} \int_0^\tau f(t+T)\overline{f(t)}\, dt \, , \quad T \geq 0.$$

In unserem Fall bestimmt sie sich als

$$c(T) = \sum_{n=-N}^{N} |c_n|^2 e^{i\omega_n T}.$$

Für eine reellwertige Funktion f folgt

$$c(T) = \sum_{n=-N}^{N} |c_n|^2 \cos\omega_n T$$

und damit

$$c(T) \leq \sum_{n=-N}^{N} |c_n|^2 = c(0).$$

In dieser Ungleichung gilt Gleichheit für ein $T > 0$, falls $\cos\omega_n T = 1$ für alle n gilt, d. h. falls alle ω_n Vielfache von $2\pi/T$ sind. Offenbar ist diese Bedingung für harmonische Klangspektren erfüllt. Empirisch stellt man fest, dass in einer Anzahl von Fällen auch dann ein Ton der Frequenz $1/T$ hörbar wird, wenn $c(T)/c(0)$ einen Wert nahe bei 1 annimmt (Heller (2013) bietet eindrückliche Beispiele). Dann liegen die Werte von $\cos\omega_n T$ insgesamt nahe bei 1 und der Verlauf von $f(T+t)$ stimmt ungefähr mit dem von $f(t)$ überein.

3.8 Aufgaben

Aufgabe 1
Beim Orgelbau montiert man anstelle von ganz tiefen Pfeifen jeweils zwei kürzere Pfeifen, gestimmt in der Quinte und der Oktave der zu ersetzenden Pfeife. Dies hat bauliche Vorteile, und der fehlende Grundton bleibt als Residualton präsent. Welche Obertöne fallen bei dieser Maßnahme weg?

Aufgabe 2
Schwebungen resultieren auch aus Obertönen. In der gleichstufigen Stimmung entstehen bei einer Quinte Schwebungen zwischen dem zweiten und ersten Oberton des tiefern bzw. höheren Grundtons der Quinte. Benade (1976) entwickelte daraus in Abb. 3.8 dargestellte Schema zur gleichstufigen Stimmung von Tasteninstrumenten.
Berechnen Sie im Notenbeispiel die einzustellenden Frequenzen der Schwebungen. (Kammerton a gleich 440 Hertz)

Aufgabe 3

Beweisen Sie für $n \in \mathbb{N}$ die „Fourierdarstellung"

$$\cos^n x = \sum_{k=0}^{n} \binom{n}{k} 2^{-n} \cos((2k - n)x).$$

Hinweis: Benutzen Sie die Formel $\cos x = (e^{ix} + e^{-ix})/2$.

Aufgabe 4

Berechnen Sie die Fourierreihe der Funktion

$$f(t) = |t|, \quad -\pi \le t \le \pi.$$

Bestimmen Sie damit den Wert der Reihe

$$\sum_{k=0}^{\infty} \frac{1}{(2k + 1)^2}.$$

Aufgabe 5

Bestimmen Sie die Fourierreihe der Funktion $f(x) = \max(0, \cos x)$, $x \in \mathbb{R}$, und werten Sie die Parseval-Gleichung aus. (Interpretation: Gleichgerichteter elektrischer Strom)

Aufgabe 6

Sei f die durch $f(x) = \sin zx$ für $-\pi < x < \pi$ gegebene 2π-periodische Funktion mit $-1 < z < 1$. Entwickeln Sie f in eine Fourierreihe und folgern Sie die Formel

$$\frac{1}{\cos(\pi z/2)} = \frac{2}{\pi} \sum_{k=0}^{\infty} (-1)^k \left(\frac{1}{2k + 1 - z} + \frac{1}{2k + 1 + z} \right).$$

Berechnen Sie damit auch den Wert der Reihen

$$1 - \frac{1}{3} + \frac{1}{5} - \frac{1}{7} \pm \cdots \quad \text{und} \quad 1 - \frac{1}{3^3} + \frac{1}{5^3} - \frac{1}{7^3} \pm \cdots$$

Hinweis: Differenzieren hilft.

Aufgabe 7

f und g seien 2π-periodische Funktionen sowie h die 2π-periodische Funktion, gegeben durch

$$h(x) = \frac{1}{2\pi} \int_{-\pi}^{\pi} f(y) g(x - y) \, dy.$$

Bestimmen Sie die Fourierkoeffizienten von h aus denjenigen von f und g. Zeigen Sie, dass die Fourierpolynome von h gleichmäßig konvergieren.
Hinweis: Benutzen Sie die Besselsche Ungleichung (3.6).

Aufgabe 8

Drücken Sie das Integral

$$\int_{-N\pi/2}^{N\pi/2} \frac{\sin^2 x}{x^2}\, dx$$

mit dem Fejér-Kern F_N und einer geeigneten Funktion f aus und berechnen Sie damit den Wert von $\int_{-\infty}^{\infty} \frac{\sin^2 x}{x^2}\, dx$.

Aufgabe 9 Lanczos-Korrektur

Sei $f_N(x) = \sum_{n=-N}^{N} c_n e^{inx}$ das N-te Fourierpolynom der 2π-periodischen Funktion f. Dann ist für $a > 0$

$$g_N(x) := \sum_{n=-N}^{N} \frac{\sin na}{na} c_n e^{inx}$$

(mit $\sin 0/0 = 1$) das N-te Fourierpolynom von

$$g(x) = \frac{1}{2a} \int_{-a}^{a} f(x+y)\, dy$$

und es gilt

$$g_N(x) = \frac{1}{2a} \int_{-a}^{a} f_N(x+y)\, dy.$$

Beweisen Sie die Aussagen.

Bemerkung: Mit $a = \pi/N$ erhält man die *Lanczos-Korrektur* g_N des Fourierpolynoms f_N. Dann unterscheidet sich g nur wenig von f, wobei dessen Sprünge geglättet werden. Daher bietet g_N eine Näherung an f, die aufgrund der Wahl von a Gibbs-Oszillationen weitgehend behebt (warum?).

Aufgabe 10 Die Umkehrformel

Leiten Sie die Umkehrformel ab, indem Sie für eine Funktion f die $2\pi m$-periodischen Funktionen f_m, $m \in \mathbb{N}$, betrachten, die durch $f_m(x) = f(x)$ für $-\pi m \le x < \pi m$ gegeben sind. Zeigen Sie, dass der (formale) Limes der Fourierreihen der f_m die Fouriertransformierte von f ergibt.

Aufgabe 11 Poissonsche Summationsformel

Für eine integrierbare Funktion $g : \mathbb{R} \to \mathbb{R}$ sei

$$c_n := \frac{1}{2\pi} \int_{-\infty}^{\infty} g(y) e^{-iny}\, dy.$$

Dann lautet für $x \in \mathbb{R}$ die Poissonsche Summationsformel

$$\sum_{k=-\infty}^{\infty} g(x + 2\pi k) = \sum_{n=-\infty}^{\infty} c_n e^{inx}.$$

Beweisen Sie die Behauptung unter den Annahmen, dass g stetig differenzierbar ist und (der Einfachheit halber) einen kompakten Träger hat.

Hinweis: Benutzen Sie Satz 3.4.

Aufgabe 12 Das Abtasttheorem

Für die Fouriertransformierte $\hat{f}$ der Funktion f gelte $\hat{f}(v) = 0$ für $|v| > \pi$. Zeigen Sie für $|v| < \pi$ die Gleichung

$$\hat{f}(v) = \sum_{n=-\infty}^{\infty} f(n)e^{-inv}.$$

Folgern Sie

$$f(x) = \sum_{n=-\infty}^{\infty} f(n)\frac{\sin \pi(x-n)}{\pi(x-n)}$$

für alle $x \in \mathbb{R}$. Dieses *Nyquist-Shannon Abtasttheorem* besagt, dass bei fehlenden hohen Frequenzen im Signal sich alle Werte $f(x)$ durch Abtasten an diskreten Werten vollständig rekonstruieren lassen. Hinweis: Wenden Sie die Poissonsche Summationsformel aus der vorigen Aufgabe auf $\sum_{k=-\infty}^{\infty} \hat{f}(v + 2\pi k)$ an und benutzen Sie auch die Umkehrformel aus Satz 3.5.

Aufgabe 13

Sei $\hat{f}$ die Fouriertransformierte von f. Zeigen Sie:

(i)   Für $g = f'$ gilt $\hat{g}(v) = iv\hat{f}(v)$.
(ii) Für $g(x) = f(x+r)$ mit $r \in \mathbb{R}$ gilt $\hat{g}(v) = e^{ivr}\hat{f}(v)$.
(iii) Für $g(x) = e^{-ixr}f(x)$ mit $r \in \mathbb{R}$ gilt $\hat{g}(v) = \hat{f}(v+r)$.
(iv) Es gilt $\int_{-\infty}^{\infty} |\hat{f}(v)|^2\, dv = 2\pi \int_{-\infty}^{\infty} |f(x)|^2\, dx$.
      Hinweis: Bestimmen Sie $\int_{-\infty}^{\infty}\int_{-\infty}^{\infty} \hat{f}(v)e^{ivx}\overline{f(x)}\, dx\, dv$ auf zwei Weisen.

Aufgabe 14 Die Unschärferelation

(i) Begründen Sie die Formel

$$\int_{-\infty}^{\infty} |f(x)|^2\, dx = -\int_{-\infty}^{\infty} x(f(x)\overline{f'(x)} + \overline{f(x)}f'(x))\, dx$$

$$\leq 2\sqrt{\int_{-\infty}^{\infty} x^2|f(x)|^2\, dx \cdot \int_{-\infty}^{\infty} |f'(x)|^2\, dx}$$

und leiten Sie daraus die Version der Unschärferelation mit $\mu = \hat{\mu} = 0$ ab.

(ii) Untersuchen Sie, wie sich diese Version verhält, wenn man in ihr $f(x)$ durch $f(x+r)$ oder durch $e^{-ixr}f(x)$ mit $r \in \mathbb{R}$ ersetzt.
     Hinweis: Arbeiten Sie auch mit Aufgabe 13.

Schwingungsmoden 4

4.1 Einleitung

Eine komplette Lösung, wie sie der Satz von d'Alembert für die eindimensionale Wellen-gleichung bietet, lässt sich für komplexere schwingende Systeme meist nicht mehr finden. In solchen Fällen kann man erkunden, was für *stehende Wellen* möglich sind. Für den resul-tierenden Klang ergeben sich daraus die Frequenzen der Teiltöne, und man erfährt, ob ein (nahezu) harmonisches oder aber ein inharmonisches Klangspektrum vorliegt. Wir behan-deln in diesem Kapitel zwei Beispiele, nämlich das Schwingen von biegesteifen Saiten und von Membranen. Im ersten Fall findet sich eine leichte Abweichung vom harmonischen Klangspektrum flexibler Saiten, der zweite führt auf ein inharmonisches Spektrum. Dies ist uns dann Anlass, auch auf die Stimmung des Klaviers mit seinen biegesteifen Saiten und auf den Klang der Pauke einzugehen.

Stehende Wellen erfasst man mit einem *Separationsansatz* zur Lösung der Wellenglei-chung. Wir erläutern ihn erst einmal in dem uns wohlbekannten eindimensionalen Fall

$$u_{tt} = c^2 u_{xx}, \quad 0 < x < \ell.$$

Stehende Wellen sind Lösungen u von der Gestalt

$$u(t, x) = T(t)X(x),$$

mit zweimal stetig differenzierbaren Funktionen $X : (0, \ell) \to \mathbb{R}$, $T : (0, \infty) \to \mathbb{R}$. Die Wellengleichung geht dann für alle x und alle t mit $X(x) \neq 0$ bzw. $T(t) \neq 0$ in die Formel

$$\frac{1}{c^2} \frac{T''(t)}{T(t)} = \frac{X''(x)}{X(x)}$$

über. Da der linke Ausdruck nur von x abhängt und der rechte nur von t, müssen beide Seiten insgesamt einen festen Wert annehmen, den wir als $-\lambda$ schreiben. Es folgt

$$T''(t) = -\lambda c^2 T(t), \quad X''(x) = -\lambda X(x),$$

wobei wir nun wieder die Werte x und t mit $X(x) = 0$ bzw. $T(t) = 0$ einbeziehen dürfen. Wir haben also die partielle Differentialgleichung für die Wellen in zwei gewöhnliche Differentialgleichungen separiert.

Für die weitere Behandlung der beiden Gleichungen ist entscheidend, welches Vorzeichen λ annimmt, es bestimmt, ob sich Schwingungen aufbauen. Hier kommen Randbedingungen von u in 0 und ℓ ins Spiel. Im vorliegenden Fall könnte man die Gleichungen für X und T mit trigonometrischen und Exponentialfunktionen explizit auflöst. Ein Argument ohne solchen Aufwand, das sich dazu auf andere Situationen übertragen lässt, sieht so aus: Mithilfe der Gleichung für X und mittels partieller Integration folgt

$$\lambda \int_0^\ell X(x)^2 \, dx = -\int_0^\ell X(x)X''(x) \, dx = \int_0^\ell X'(x)^2 \, dx - \Big[X(x)X'(x) \Big]_0^\ell.$$

Fallen nun die Randterme weg, gilt also die Randbedingung

$$X(0)X'(0) = X(\ell)X'(\ell) = 0,$$

so bleiben links und rechts zwei nichtnegative Integrale, und es folgt $\lambda \geq 0$. Dies führt in natürlicher Weise auf die Randbedingungen $X(0) = 0$ oder $X'(0) = 0$ bzw. $X(\ell) = 0$ oder $X'(\ell) = 0$, wie wir sie auch schon bei anderer Gelegenheit (Stichwort Dirichlet- und Neumann-Randbedingung) in Betracht gezogen haben.

Der Fall $\lambda = 0$ ist leicht geklärt, dann verschwindet das Integral $\int_0^\ell X'(x)^2 \, dx$ und folglich auch die Funktion X' identisch. Dieser Fall einer konstanten Funktion X, bei dem also $u(t, x)$ von x gar nicht abhängt, ist ohne Interesse. Wir schließen ihn aus, nehmen also

$$\lambda > 0$$

an und schreiben $\lambda = k^2$ mit $k > 0$. Die Lösungen der Differentialgleichung $X'' = -k^2 X$ sind bekanntlich alle von der Gestalt $A \sin(kx + \xi)$ (siehe die Aufgaben). Speziell im Fall der Randbedingungen $X(0) = X(\ell) = 0$ erhalten wir für jede natürliche Zahl $n \geq 1$ eine Lösung, gegeben durch

$$X_n(x) = A \sin k_n x, \quad \text{mit } k_n := \frac{\pi n}{\ell}.$$

Für die Funktion T folgt

$$T''(t) = -(ck_n)^2 T(t)$$

mit den Lösungen

$$T_n(t) = \sin(\omega_n t + \theta), \quad \text{mit } \omega_n := ck_n$$

und einer beliebigen Nullphase θ. Die Gesamtlösungen haben die Gestalt

$$u(t, x) = A \sin(\omega_n t + \theta) \sin k_n x,$$

ganz in Einklang mit der Gleichung aus (3.17). Sie sind die Eigenschwingungen, die *Moden* des Systems mit den *Resonanzfrequenzen* $\omega_n/2\pi$.

4.2 Die Bewegungsgleichung der biegesteifen Saite

Das Schwingen einer biegesteife Saite erfasst man mit einer Differentialgleichung der Gestalt

$$u_{tt} = c^2 u_{xx} - \sigma u_{xxxx}.$$

Weil sich dieser interessante Sachverhalt nicht unmittelbar erschließt, geben wir in diesem Abschnitt eine anschauliche Begründung. Über Details und die eingehenden Idealisierungen informieren die Lehrbücher der Technischen Mechanik.

Wir behandeln zuerst einen elastischen Stab der Länge ℓ, der überall die Dicke $\delta > 0$ hat. Mit $u(x)$ bezeichnen wir die Auslenkung des Stabes aus seiner Ruhelage an der Stelle $x \in [0, \ell]$, zunächst noch ohne zeitliche Entwicklung. Es resultiert eine Kraft, die wir in drei Schritten erschließen.

Erstens betrachten wir die elastischen Zug- und Druckkräfte, die sich auf der Schnittfläche durch den Stab an der Stelle x finden und auf den linken (in Abb. 4.1 schraffierten) Teil L des Stabs einwirken (für die andere Stabhälfte haben sie die entgegengesetzte Richtung). Sie lassen sich zu einem Paar von Kräften zusammenfassen, die beide die gleiche Größe K haben, aber in entgegengesetzte Richtung ziehen. Solche Paare üben ein Drehmoment auf L aus. Die Wirkung ist proportional sowohl zu K als auch zum Abstand δ zwischen den beiden Punkten, an dem die Kräfte ansetzen. Entsprechend setzt man ihr Drehmoment als $\delta \cdot K$. Es liegt nahe, dass diese Größe proportional zur Krümmung des Stabes an der Stelle x ist. Wir treffen also die Annahme

$$\delta K = \gamma u''(x), \qquad (4.1)$$

mit einem Proportionalitätsfaktor $\gamma > 0$, der von der Elastizität des Stabs und von der Gestalt der Querschnittsfläche abhängt.

Zweitens betrachten wir die Wirkung dieser elastischen Kräfte auf eine Scheibe des Stabes der Dicke $\Delta x > 0$ mit Schnittflächen an den Stellen $x - \Delta x/2$ und $x + \Delta x/2$. Nun hat man zwei Kräftepaare, eines an jeder Schnittfläche. Sie wirken entgegengesetzt, ein Paar

Abb. 4.1 Biegsamer Stab I

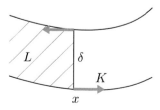

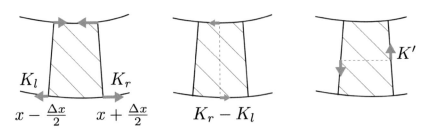

Abb. 4.2 Biegsamer Stab II

von rechts und das andere von links, wie in Abb. 4.2 skizziert. Die beiden Paare von Kräften der Größen K_r und K_l fassen wir zu einem Paar von Kräften der Größe $K_r - K_l$ zusammen, wie in der Mitte der Abbildung ersichtlich. Sein Drehmoment ist also

$$\delta(K_r - K_l) = \gamma \left(u'' \left(x + \tfrac{\Delta x}{2} \right) - u'' \left(x - \tfrac{\Delta x}{2} \right) \right) \approx \gamma u'''(x) \Delta x.$$

Wir ersetzen es durch ein um einen rechten Winkel gedrehtes, senkrecht ausgerichtetes Paar von Kräften der Größe K' im Abstand Δx, wie rechts in der Abbildung dargestellt. Sie wirken nun an den Schnittflächen. Dabei muss das Drehmoment erhalten bleiben, es gilt also $\Delta x K' = \delta(K_r - K_l)$ und im Grenzübergang $\Delta x \to 0$

$$K' = \gamma u'''(x). \tag{4.2}$$

Anders als $K_r - K_l$ verschwindet K' nicht, wenn Δx gegen 0 strebt.

Drittens betrachten wir, welche Kraftwirkung entsteht, die von zwei Scheiben der Dicke Δx ausgehen, die sich bei x berühren. Dort haben wir die vertikale Kraft K_l' von der linken Scheibe und (in umgekehrter Richtung) die Kraft K_r' von der rechten Scheibe (Abb. 4.3). An der Schnittstelle x wirkt also insgesamt eine Kraft der Größe

$$k = K_l' - K_r' = \gamma \left(u''' \left(x - \tfrac{1}{2} \Delta x \right) - u''' \left(x + \tfrac{1}{2} \Delta x \right) \right)$$

und schließlich

$$k \approx -\gamma u''''(x) \Delta x.$$

Nun bringen wir auch die zeitliche Entwicklung ins Spiel und bezeichnen mit $u(t, x)$ die Auslenkung des Stabes zur Zeit t an der Stelle x. Dann wirkt die Kraft k beschleunigend auf die Scheibe zwischen $x - \Delta x/2$ und $x + \Delta x/2$ der Breite Δx und der Masse $\rho \Delta x$ (mit der linearen Dichte ρ der Saite). Im Limes $\Delta x \to 0$ ergibt sich eine Beschleunigung $-\frac{\gamma}{\rho} u_{xxxx}(t, x)$ an der Stelle x.

Insgesamt folgt für den homogenen biegesteifen Stab die Bewegungsgleichung

$$u_{tt} = -\sigma u_{xxxx}$$

Abb. 4.3 Biegsamer Stab III

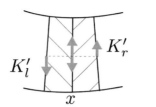 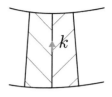

mit der Konstanten $\sigma := \gamma/\rho > 0$. Für die steife Saite addiert sich die Biegekraft k zu derjenigen, die aus der Spannung der Saite resultiert und proportional zur Krümmung ist, und wir erhalten die Gleichung

$$u_{tt} = c^2 u_{xx} - \sigma u_{xxxx}. \tag{4.3}$$

An den Saitenenden gibt es wieder Randbedingungen zu berücksichtigen. Dort können Kräfte und Drehmomente auf den Stab bzw. auf die Saite einwirken. Wenn die Halterung keine Biegekräfte ausüben kann, also kein Drehmoment erzeugt, ist dort $K = 0$. Aufgrund von (4.1) gilt dann

$$u_{xx}(t, 0) = 0 \quad \text{bzw.} \quad u_{xx}(t, \ell) = 0, \quad t \geq 0.$$

Wenn andererseits an den Enden keine Querkräfte entstehen können, lässt sich die Kraft K' nicht kompensieren. Dort ist dann $K' = 0$, sodass wir gemäß (4.2) die Randbedingung

$$u_{xxx}(t, 0) = 0 \quad \text{bzw.} \quad u_{xxx}(t, \ell) = 0, \quad t \geq 0.$$

erhalten.

4.3 Eigenschwingungen der biegesteifen Saite

Zur Lösung der Gl. (4.3) machen wir den Separationsansatz

$$u(t, x) = T(t)X(x),$$

der hier zu der Formel

$$\frac{1}{c^2}\frac{T''}{T} = \frac{X''}{X} - \eta\frac{X''''}{X} = -\lambda$$

führt, mit $\eta := \sigma/c^2 > 0$ und einer Konstanten λ. Bei passenden Randbedingungen nimmt λ wieder einen positiven Wert an. Doppelte partielle Integration ergibt nämlich

$$\lambda \int_0^\ell X(x)^2 \, dx = \int_0^\ell X(x)(\eta X''''(x) - X''(x)) \, dx$$

$$= \left[\eta X(x) X'''(x) - X(x) X'(x) \right]_0^\ell$$

$$- \int_0^\ell (\eta X'(x) X'''(x) - X'(x)^2) \, dx$$

$$= \left[\eta X(x) X'''(x) - X(x) X'(x) - \eta X'(x) X''(x) \right]_0^\ell \qquad (4.4)$$

$$+ \int_0^\ell (\eta X''(x)^2 + X'(x)^2) \, dx.$$

Wir können daher wie früher auf $\lambda \geq 0$ schließen, sofern alle Randterme in (4.4) verschwinden. Wie bei flexiblen Saiten ist auch hier der Fall $\lambda = 0$ nicht von Belang. Von Interesse sind die folgenden Möglichkeiten:

i) Gilt $X(0) = X'(0) = 0$, so verschwindet die eine Hälfte der Randterme. Praktisch handelt es sich um ein *eingespanntes Ende*. Entsprechend steht die Bedingung $X(\ell) = X'(\ell) = 0$ dafür, dass das andere Saitenende eingespannt ist.

ii) Gilt $X(0) = X''(0) = 0$, so ist das Ende in einer Weise fixiert, dass es kein Biegemoment ausüben kann. Man kann sich vorstellen, dass die Saite mithilfe eines Drehgelenks fixiert ist. Man spricht von einem *gestützten Ende*.

iii) Im Fall $c = 0$ eines biegsamen Stabes besteht auch die Möglichkeit $X''(0) = X'''(0) = 0$. Hier hat man am Ende weder Biegemomente noch Querkräfte. Es ist der Fall eines *freien Endes*.

Wir erhalten also die Differentialgleichung

$$\eta X'''' - X'' - \lambda X = 0. \qquad (4.5)$$

Machen wir den Ansatz

$$X(x) = e^{\tau x}$$

mit $\tau \in \mathbb{C}$, so gelangen wir zu der Gleichung

$$\eta \tau^4 - \tau^2 - \lambda = 0.$$

Es folgt

$$\tau^2 = \frac{1 \pm \sqrt{1 + 4\lambda\eta}}{2\eta}.$$

Für $\lambda > 0$ ist wegen $\eta > 0$ der rechte Term einmal eine positive und einmal eine negative reelle Zahl, und wir erhalten für τ vier verschiedene Werte, zwei reelle und zwei imaginäre,

$$\tau_{1,2} = \pm\mu, \quad \tau_{3,4} = \pm ik$$

mit $\mu, k > 0$. Eingesetzt in die Gleichung für τ folgt

$$\lambda = \eta\mu^4 - \mu^2 = \eta k^4 + k^2. \tag{4.6}$$

Die rechte Gleichung lässt sich zu $(\mu^2 - 1/2\eta)^2 = (k^2 + 1/2\eta)^2$ umschreiben. Die Lösung $\mu^2 = -k^2$ ist ausgeschlossen, sodass

$$\mu^2 = k^2 + \frac{1}{\eta} \tag{4.7}$$

folgt. Damit stehen μ und k in eineindeutiger Beziehung zueinander.

Lösungen von (4.5) sind nun durch

$$X(x) = \alpha_1 e^{\mu x} + \alpha_2 e^{-\mu x} + \alpha_3 e^{ikx} + \alpha_4 e^{-ikx}$$

gegeben, bzw. durch

$$X(x) = \beta_1 e^{\mu x} + \beta_2 e^{-\mu x} + \beta_3 \cos kx + \beta_4 \sin kx$$

mit Konstanten α_i bzw. β_i, $i = 1, \ldots, 4$. Dies ist bereits die allgemeine Lösung, denn für eine lineare Differentialgleichung 4. Ordnung gibt es bekanntlich nicht mehr als vier linear unabhängige Lösungen.

Die Randbedingungen bestimmen wieder die Resonanzfrequenzen. Wir betrachten den Fall, dass es sich bei den Saitenenden um gestützte Enden handelt (für eingespannte Enden siehe die Aufgaben), den Fall

$$X(0) = X''(0) = X(\ell) = X''(\ell) = 0.$$

Er passt einigermaßen für Saiten, die von Stegen gehalten werden, außerdem ist dies mathematisch am einfachsten. Die beiden ersten Bedingungen gehen dann in

$$\beta_1 + \beta_2 + \beta_3 = 0, \quad \mu^2(\beta_1 + \beta_2) - k^2\beta_3 = 0$$

über, aus denen $\beta_1 + \beta_2 = 0$ und $\beta_3 = 0$ folgt. Die anderen Bedingungen ergeben nun

$$\beta_1(e^{\mu\ell} - e^{-\mu\ell}) + \beta_4 \sin k\ell = 0, \quad \beta_1\mu^2(e^{\mu\ell} - e^{-\mu\ell}) - \beta_4 k^2 \sin k\ell = 0,$$

aus denen wegen $\mu \neq 0$ noch $\beta_1 = 0$ folgt. Es bleibt die Bedingung $\beta_4 \sin k\ell = 0$, die auch $\beta_4 = 0$ ergibt, es sei denn, der Sinus verschwindet. Die Bedingung für Resonanz ist also

$$k_n = \frac{n\pi}{\ell}, \, n \in \mathbb{N},$$

und es folgt

$$X(x) = A \sin k_n x$$

mit $A := \beta_4$. Für λ ergeben sich nach (4.6) als mögliche Werte

$$\lambda_n = k_n^2 + \eta k_n^4, \ n \in \mathbb{N}.$$

Im letzten Schritt erhalten wir für die zeitliche Entwicklung wie früher aus $T'' = -\lambda c^2 T$ die Formel

$$T(t) = \sin(\omega_n t + \theta)$$

mit $\omega_n^2 = \lambda_n c^2$ bzw. wegen $\eta = \sigma/c^2$

$$\omega_n^2 = c^2 k_n^2 + \sigma k_n^4.$$

Insgesamt ergeben sich die Moden

$$u(t, x) = A \sin(\omega_n t + \theta) \cdot \sin k_n x.$$

Wir unterscheiden nun drei Fälle. Im Fall $\sigma = 0$ einer völlig flexiblen Saite gilt

$$\omega_n^{\text{flex}} = \frac{c}{\ell} n \pi$$

mit harmonischen Obertönen, wie wir das bereits kennengelernt haben. Auch der Fall $c = 0$ eines elastischen Stabes führt zu harmonischen Obertönen,

$$\omega_n^{\text{stab}} = \frac{\sqrt{\sigma}}{\ell^2} (n\pi)^2.$$

Allerdings finden sich hier große Lücken im Obertonspektrum und der Ton klingt farblos.

Im allgemeinen Fall gilt

$$\omega_n^2 = \left(\omega_n^{\text{flex}}\right)^2 + \left(\omega_n^{\text{stab}}\right)^2.$$

Dies ist eine Gesetzmäßigkeit, die für $n = 1$ bemerkenswerterweise schon Nicolas Savart 1842 anhand von Experimenten aufgestellt hat (und zwar mit Saiten, die an den Enden eingespannt waren). Die analytische Behandlung gelang dann August Seebeck 1848. Die Obertöne sind nun nicht mehr harmonisch, denn wir haben

$$\omega_n = c k_n \sqrt{1 + \eta k_n^2}.$$

Insbesondere ergibt sich für $\eta \ll 2/k_n^2$ approximativ

$$\omega_n \approx c k_n \left(1 + \frac{\eta}{2} k_n^2\right)$$

sowie

$$\frac{\omega_n}{\omega_1} \approx n \left(1 + \frac{\eta}{2}(k_n^2 - k_1^2)\right).$$

Damit sind also die Obertöne im Vergleich zum harmonischen Fall (leicht) erhöht.

Dispersion Die biegesteife Saite erlaubt auch laufende Wellen von fester Gestalt, sofern diese harmonisch sind. Man rechnet leicht nach, dass die Welle

$$u(t, x) = \cos(\omega t - kx)$$

mit $\omega, k > 0$ die Gl. (4.3) löst, wenn zwischen ω und k der Zusammenhang

$$\omega^2 = c^2 k^2 + \sigma k^4$$

besteht. Die Gleichung schreiben wir in der Gestalt

$$c_\omega^2 = c^2 + \sigma \frac{\omega^2}{c_\omega^2} \quad \text{mit } c_\omega := \frac{\omega}{k}. \tag{4.8}$$

Es folgt $u(t, x) = f(c_\omega t - x)$ mit $f(x) := \cos kx$. Es handelt sich also bei u um eine rechtslaufende Welle der Geschwindigkeit c_ω. Der Formel (4.8) entnimmt man, dass der Wert von c_ω mit ω wächst, insbesondere unterscheidet er sich von c. Man spricht bei einer solchen Frequenzabhängigkeit der Laufgeschwindigkeit von *Dispersion*. Eine laufende Welle, die sich aus harmonischen Wellen unterschiedlicher Frequenzen zusammensetzt, zerfließt dann mit der Zeit. Für die Gl. (4.3) greift der Satz von d'Alembert nicht mehr.

Dispersion führt zu Effekten, wie denen bei Schwebungen verwandt sind, vgl. (3.18). Wir betrachten zwei linkslaufende harmonische Wellen mit den Parametern ω_1, k_1 bzw. ω_2, k_2 und wählen dann ω, k, ε und δ so, dass $\omega_1 = \omega + \varepsilon, k_1 = k + \delta$ sowie $\omega_2 = \omega - \varepsilon, k_2 = k - \delta$ gilt. Bei Überlagerung ergibt sich die Welle

$$\begin{aligned}
u(t, x) &= \cos(\omega_1 t + k_1 x) + \cos(\omega_2 t + k_2 x) \\
&= \frac{1}{2}\left(e^{i(\omega_1 t + k_1 x)} + e^{-i(\omega_1 t + k_1 x)} + e^{i(\omega_2 t + k_2 x)} + e^{-i(\omega_2 t + k_2 x)} \right) \\
&= \frac{1}{2}\left(e^{i(\varepsilon t + \delta x)} + e^{-i(\varepsilon t + \delta x)} \right)\left(e^{i(\omega t + kx)} + e^{-i(\omega t + kx)} \right) \\
&= 2 \cos(\varepsilon t + \delta x) \cos(\omega t + kx).
\end{aligned}$$

Das Resultat ist ein Produkt aus zwei laufenden Wellen mit unterschiedlichen Frequenzen und Wellenlängen. Ähnlich wie bei einer Schwebung gemäß (3.18) hat man hier den Fall vor Augen, dass $\varepsilon \ll \omega$ und $\delta \ll k$ gilt. Dann tritt die Welle $\cos(\varepsilon t + \delta x)$ als Einhüllende des Gesamtwelle $u(x, t)$ in Erscheinung, während die Welle $\cos(\omega t + kx)$ die schnellen Oszillationen von kurzer Wellenlänge darstellt. Die beiden Komponenten bewegen sich mit den Geschwindigkeiten

$$c_G = \frac{\varepsilon}{\delta} = \frac{\omega_1 - \omega_2}{k_1 - k_2}, \quad c_P = \frac{\omega}{k} = \frac{\omega_1 + \omega_2}{k_1 + k_2},$$

die im Allgemeinen verschieden sind, die optische Wirkung ist eindrücklich. Der Ausdruck c_G heißt die *Gruppengeschwindigkeit* und c_P die *Phasengeschwindigkeit*. Im dispersionsfreien Fall sind beide gleich.

4.4 Das Klavier und seine Stimmung

Eine Eigentümlichkeit beim Stimmen von Klavieren ist, dass die Oktaven typischerweise nicht rein eingestellt, sondern um ein paar Cent angehoben werden. Diese Abweichung ist bei hohen und bei tiefen Tönen besonders deutlich, eine quantitative Beschreibung liefert die *Railsback-Kurve*. Die gängige Erklärung schreibt dies der Steifheit der Klaviersaiten zu, welche im Bassregister und im hohen Diskant besonders ausgeprägt ist. Das Argument lautet, dass es zwischen dem ersten Oberton der Prime und dem Grundton der reinen Oktave zu Schwebungen kommt, da der Oberton eben aufgrund der Saitensteifheit leicht erhöht ist. Indem man auch die Oktave leicht spreizt, beseitigt man diese Störung.

Es gibt hier noch andere Gesichtspunkte, die darauf Bezug nehmen, dass das Klavier als Tasteninstrument gleichstufig gestimmt ist. Daraus resultieren ganz verschiedenartige Unreinheiten des Klangs. Die folgenden von prominenten Musikern gutgeheißenen Vorschläge, die gleichstufige Stimmung des Klaviers abzuändern, wollen dem begegnen. Auch sie führen zu leicht gestreckten Oktaven.

Die Cordier-Stimmung Von Serge Cordier (1972) stammt der Vorschlag einer gleichstufigen Stimmung, bei der nicht mehr die Oktaven, sondern die Quinten rein gestimmt sind. Die Begründung ist, dass etwa ein Orchester in reinen Quinten spielt. Um also im Zusammenspiel Intonationsprobleme zu vermeiden, sollte man die Klavierstimmung entsprechend anpassen, ohne dabei das gleichstufige Schema aufzugeben. Das Frequenzverhältnis der Oktave wird zu

$$\left(\frac{3}{2}\right)^{12/7} \simeq 2{,}00388$$

bzw. 1203,4 Cent.

Die Stopper-Stimmung Für flexible Saiten ist die reine Oktave zwar an den ersten Oberton des Grundtons angepasst, dessen zweiter Oberton bei gleichstufiger Stimmung jedoch nicht mehr an die Duodezime (Oktave + Quinte). Nach Bernhard Stopper (1988) ist aber die Schwebungsreinheit dieses zweiten Obertons für die Güte des Klavierklangs entscheidender als diejenige des ersten Obertons. Er hat deswegen eine gleichstufige Stimmung vorgeschlagen, in der die Duodezime rein eingestellt ist, d. h. für flexible Saiten das Frequenzverhältnis 1 : 3 erhält. Die Oktave hat dann bei gleichstufiger Stimmung das Frequenzverhältnis

$$3^{12/19} \simeq 2{,}00143$$

bzw. 1201,2 Cent. Stellt man auch noch die Biegesteifigkeit der Saiten in Rechnung, so erhöht sich dieser Wert weiter.

4.5   Die zweidimensionale Wellengleichung

Um die Schwingungen einer elastischen eingespannten Membran zu beschreiben, muss die Wellengleichung für eine elastische Saite ins Zweidimensionale übersetzt werden. Wir notieren $u(t, x, y)$ für die Auslenkung der Membran aus der Ruhelage zur Zeit t an der Stelle (x, y) in der Ebene. Die Krümmung in Richtung der x-Achse zu diesem Zeitpunkt und an dieser Stelle erfassen wir durch die partielle Ableitung $u_{xx}(t, x, y)$, zweimal nach der Variablen x ausgeführt, und genauso die Krümmung in y-Richtung durch $u_{yy}(t, x, y)$. Aus beiden Krümmungen resultieren Kraftwirkungen auf die Membran, die sich gegenseitig verstärken oder auch schwächen können. Sie addieren sich, deswegen geht man zu dem Ausdruck

$$\Delta u := u_{xx} + u_{yy}$$

über. Die Kraftwirkung zur Zeit t an der Stelle (x, y) ist also proportional zu $\Delta u(t, x, y)$, und wir erhalten nun die Bewegungsgleichung

$$u_{tt} = c^2 \Delta u.$$

Dies ist die *zweidimensionale Wellengleichung*. Die Konstante $c > 0$ ist wieder als Laufgeschwindigkeit von Wellen zu interpretieren. So hat man die Lösung

$$u(t, x, y) = f(ct - ax - by)$$

mit einer zweimal stetig differenzierbaren Funktion $f : \mathbb{R} \to \mathbb{R}$ und Zahlen a, b mit $a^2 + b^2 = 1$. Damit ist eine in Richtung des Einheitsvektors (a, b) laufende, ebene Welle der Geschwindigkeit c beschrieben. Unmittelbar einsichtig ist dies in den Fällen $a = \pm 1, b = 0$ sowie $a = 0, b = \pm 1$.

Den Differentialoperator Δ bezeichnet man als den (zweidimensionalen) *Laplace-Operator*. Zwar machen wir bei seiner Definition Gebrauch vom System der kartesischen x-y-Koordinaten, jedoch erweist es sich, dass der Ausdruck unter orthogonaler Transformation der Koordinaten erhalten bleibt (siehe Aufgaben). In diesem Sinne hängt Δ nicht von der Wahl des Koordinatensystems ab.

Im Folgenden wollen wir eine kreisförmige Membran und ihr Klangspektrum genauer analysieren. Dazu ist es erforderlich, in der Ebene zu Polarkoordinaten r und φ überzugehen, gegeben durch die Gleichungen

$$x = r \cos \varphi, \quad y = r \sin \varphi,$$

$r \geq 0$, $\varphi \in [0, 2\pi]$ (wobei die Radianten 0 und 2π zu identifizieren sind). Wir wollen also Δu ausdrücken mithilfe der Funktion U in den Variablen r und φ, gegeben durch

$$u(x, y) = U(r, \varphi).$$

Die Rechnung ist eine Fleißübung: Durch partielles Ableiten nach x der Gleichung $r^2 = x^2 + y^2$ folgt $2r \frac{\partial r}{\partial x} = 2x$ bzw. für $r > 0$

$$\frac{\partial r}{\partial x} = \frac{x}{r},$$

und aus $y = r \sin \varphi$ erhalten wir $0 = \frac{\partial r}{\partial x} \sin \varphi + r \cos \varphi \frac{\partial \varphi}{\partial x} = \frac{x}{r} \frac{y}{r} + x \frac{\partial \varphi}{\partial x}$, also

$$\frac{\partial \varphi}{\partial x} = -\frac{y}{r^2}.$$

Es folgt

$$u_x = U_r \frac{\partial r}{\partial x} + U_\varphi \frac{\partial \varphi}{\partial x} = U_r \frac{x}{r} - U_\varphi \frac{y}{r^2}$$

und

$$u_{xx} = U_{rr} \frac{x^2}{r^2} - 2U_{r\varphi} \frac{xy}{r^3} + U_r \left(\frac{1}{r} - \frac{x^2}{r^3} \right) + U_{\varphi\varphi} \frac{y^2}{r^4} + 2U_\varphi \frac{xy}{r^4}.$$

Genauso ergibt sich

$$u_{yy} = U_{rr} \frac{y^2}{r^2} + 2U_{r\varphi} \frac{xy}{r^3} + U_r \left(\frac{1}{r} - \frac{y^2}{r^3} \right) + U_{\varphi\varphi} \frac{x^2}{r^4} - 2U_\varphi \frac{xy}{r^4}$$

und durch Summation beider Gleichungen schließlich für $r > 0$

$$\Delta u = U_{rr} + \frac{1}{r} U_r + \frac{1}{r^2} U_{\varphi\varphi}. \tag{4.9}$$

4.6   Die kreisförmige Membran

Wir betrachten nun eine kreisrunde Membran vom Radius $a > 0$, die wir als Kreisscheibe

$$G := \{(x, y) \in \mathbb{R}^2 : x^2 + y^2 < a^2\}$$

mit Rand $\partial G = \{(x, y) \in \mathbb{R}^2 : x^2 + y^2 = a^2\}$ in die Ebene einbetten. Am Rand ist die Membran eingespannt, dort verschwindet die Auslenkung $u(t, x, y)$ aus der Ruhelage. Wir arbeiten also mit der Dirichlet-Randbedingung

$$u(t, x, y) = 0 \quad \text{für } t \geq 0, \ (x, y) \in \partial G.$$

Auf G erfüllt u die Schwingungsgleichung

$$u_{tt} = c^2 \Delta u,$$

nun ist c die Laufgeschwindigkeit von Wellen entlang der Membranfläche.

Wir wollen die Gleichung durch einen Separationsansatz in Polarkoordinaten lösen, durch den Ansatz

$$u(t, x, y) = T(t) R(r) \Phi(\varphi), \quad r, t \geq 0, \ 0 \leq \varphi \leq 2\pi,$$

mit der Randbedingung $R(a) = 0$. Eingesetzt in $u_{tt} = c^2 \Delta u$ und geteilt durch u folgt unter Beachtung von (4.9)

$$\frac{1}{c^2} \frac{T''}{T} = \frac{\Delta u}{u} = \frac{R''}{R} + \frac{1}{r} \frac{R'}{R} + \frac{1}{r^2} \frac{\Phi''}{\Phi}. \tag{4.10}$$

Löst man diese Gleichung nach Φ''/Φ auf, so erkennt man, dass Φ''/Φ nicht von φ abhängig ist. Daher hat Φ''/Φ einen festen Wert. Außerdem hat Φ die Periode 2π, sodass (bis auf einen Faktor)

$$\Phi(\varphi) = \sin(n\varphi + \psi), \quad n \in \mathbb{N}_0, \ \psi \in [0, 2\pi)$$

folgt. Die Differentialgleichung (4.10) nimmt nun die Gestalt

$$\frac{1}{c^2} \frac{T''}{T} = \frac{R''}{R} + \frac{1}{r} \frac{R'}{R} - \frac{n^2}{r^2} \tag{4.11}$$

an. Ein weiteres Mal stellen wir fest, dass die Ausdrücke links und rechts vom Gleichheitszeichen weder von r noch von t abhängen und daher einen festen Wert annehmen, den wir wieder als $-\lambda$ schreiben. Es folgt

$$\lambda = \frac{n^2}{r^2} - \frac{(rR')'}{rR}.$$

Das Vorzeichen von λ erhalten wir nach partieller Integration aus

$$\lambda \int_0^a r R^2 \, dr = \int_0^a \frac{n^2}{r} R^2 \, dr - \int_0^a R(rR')' \, dr$$

$$= \int_0^a \frac{n^2}{r} R^2 \, dr - \left[rR'R\right]_0^a + \int_0^a r(R')^2 \, dr.$$

Die Integrale sind alle nicht-negativ und die Randterme verschwinden aufgrund der Randbedingung $R(a) = 0$. Daher folgt $\lambda \geq 0$, und bei Ausschluss des Falls, dass R identisch verschwindet, sogar

$$\lambda > 0.$$

Wir setzen wieder $\lambda = k^2$ und gewinnen also aus (4.11) zwei gewöhnliche Differentialgleichungen

$$\frac{1}{c^2} \frac{T''}{T} = -k^2 \quad \text{und} \quad \frac{R''}{R} + \frac{1}{r} \frac{R'}{R} - \frac{n^2}{r^2} + k^2 = 0.$$

Die erste ergibt wie früher einen harmonischen zeitlichen Verlauf

$$T(t) = \sin(\omega t + \theta)$$

mit

$$\omega = ck.$$

Die zweite geht per Reskalierung

$$J(z) := R\left(\frac{z}{k}\right)$$

über in

$$\frac{J''(z)}{J(z)} + \frac{1}{z}\frac{J'(z)}{J(z)} + 1 - \frac{n^2}{z^2} = 0.$$

Diese Differentialgleichung behandeln wir im nächsten Abschnitt.

4.7   Die Besselfunktionen

Die *Besselsche Differentialgleichung* lautet

$$z^2 J''(z) + z J'(z) + (z^2 - n^2) J(z) = 0.$$

Dabei darf n eine beliebige reelle (oder auch komplexe) Zahl sein. Wir beschränken uns hier auf den Fall, dass n ein Element von $\mathbb{N}_0 = \{0, 1, 2, \ldots\}$ ist.

Lösungen auf der ganzen reellen Achse lassen sich mit einem Potenzreihenansatz konstruieren. Wir setzen zu vorgegebenem $n \in \mathbb{N}_0$

$$J(z) := \sum_{m=0}^{\infty} \alpha_m z^m.$$

Da wir zunächst nichts über die Konvergenzeigenschaften dieser Reihe wissen, führen wir erst einmal eine formale Rechnung durch. Einsetzen in die Differentialgleichung und Koeffizientenvergleich führt zu den Gleichungen

$$(m^2 - n^2)\alpha_m + \alpha_{m-2} = 0, \quad m \geq 0,$$

mit der Vereinbarung $\alpha_{-2} = \alpha_{-1} := 0$.

Ausgehend von $\alpha_{-2} = \alpha_{-1} = 0$ folgt induktiv $\alpha_m = 0$ erstens für alle m, für die $m - n$ ungerade ist, und zweitens für alle m, für die $m < n$ und $m - n$ gerade ist. In der Gleichung mit $m = n$ kann dann α_n beliebig gewählt werden, und unter Beachtung von $(n + 2k)^2 - n^2 = 4k(n + k)$ ergibt sich

$$\alpha_{n+2k} = -\frac{1}{4k(n+k)}\alpha_{n+2(k-1)} = \cdots = \frac{(-1)^k}{4^k}\frac{n!}{k!(n+k)!}\alpha_n.$$

Setzt man noch $\alpha_n = 1/(n! 2^n)$, so erhält man die Funktion

$$J_n(z) := \sum_{k=0}^{\infty} \frac{(-1)^k}{k!(n+k)!} \left(\frac{z}{2}\right)^{n+2k}. \tag{4.12}$$

Diese Potenzreihe kennen wir bereits aus Proposition 3.3. Es ist die im vorigen Kapitel eingeführte *Besselfunktion der Ordnung n*, dort haben wir für n auch negative ganze Zahlen zugelassen. Nun erkennen wir, dass die Potenzreihe für alle $z \in \mathbb{R}$ konvergiert, und können rückblickend feststellen, dass unsere formalen Rechnungen alle gerechtfertigt sind und J_n wirklich die Besselsche Differentialgleichung löst. Da hier eine lineare Differentialgleichung zweiter Ordnung vorliegt, gibt es noch eine weitere linear unabhängige Lösung. Es handelt sich um eine Besselfunktion zweiter Art, die *Neumannfunktion*. Wir konstruieren sie in den Aufgaben. Diese Lösung konvergiert bei 0 gegen $-\infty$ und ist deswegen im Kontext von schwingenden Membranen nicht brauchbar.

Die Besselsche Differentialgleichung hilft, uns ein Bild von den Besselfunktionen zu machen. Der Reihenentwicklung (4.12) entnehmen wir, dass

$$J_n(-z) = (-1)^n J_n(z)$$

gilt. Wir beschränken uns deshalb auf die positive Halbachse. Hier sind zwei Bereiche zu unterscheiden. Für $n \geq 1$ und $0 \leq z < n$ stellen wir mithilfe der Reihenentwicklung fest, dass $J_n(z)$ für z bei 0 zunächst positive Werte hat und monoton wächst, mit positiver Ableitung $J_n'(z)$. Dies setzt sich mit wachsendem z fort, bis man zu einem $\bar{z} > 0$ mit $J_n'(\bar{z}) = 0$ gelangt. Dieses $\bar{z}$ muss dann aber größer oder gleich n sein, denn andernfalls ergäbe sich wegen $J_n(\bar{z}) > 0$ und $\bar{z}^2 < n^2$ anhand der Besselschen Differentialgleichung $J_n''(\bar{z}) > 0$. Dann wäre $\bar{z}$ ein lokales Minimum von J_n, was offenbar einen Widerspruch ergibt.

Für den Bereich $z \geq n$ gehen wir zu der Funktion

$$K(z) := \sqrt{z} J(z), \quad z \geq 0,$$

über. Die Besselsche Differentialgleichung bekommt dann die Gestalt

$$K''(z) + \left(1 - \frac{n^2 - \frac{1}{4}}{z^2}\right) K(z) = 0. \tag{4.13}$$

Für $z \geq n$ haben $K(z)$ und $K''(z)$ entgegengesetztes Vorzeichen, bei positivem $K(z)$ ist K an der Stelle z konkav und bei negativem $K(z)$ konvex. Dies bedeutet, dass $K(z)$ ab $z = n$ anfängt, um die z-Achse zu schwingen. Wächst z weiter, so gilt approximativ $K(z) + K''(z) = 0$. Diese Gleichung wird von den Funktionen $A \cos(z + \theta)$ erfüllt, und solch eine Verhalten ist dann approximativ auch von K zu erwarten.

Für die Besselfunktionen erhalten wir folgendes Gesamtbild. Für $0 < z \leq n$ verläuft $J_n(z)$ positiv und wächst monoton . Da $|J_n(n)| \leq 1$, wird $J_n(z)$ in diesem Bereich abseits

Abb. 4.4 Besselfunktion der
Ordnung 100

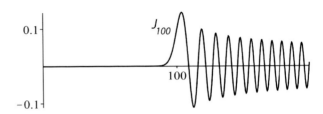

von $z = n$ Werte sehr viel kleiner als 1 annehmen (für J_0 ist dieser Bereich leer). Ab $z = n$ verhält sich $J_n(z)$ in etwa wie $A\cos(z+\theta)/\sqrt{z}$, wobei A und θ noch genauer zu bestimmen sind. Abb. 4.4 mit dem Graphen von J_{100} illustriert dieses Schema.

Wir wollen die asymptotischen Eigenschaften von $J_n(z)$ für $z \to \infty$ genauer unter die Lupe nehmen. Dazu ziehen wir nun die Integraldarstellung (3.20) der Besselfunktionen hinzu und nutzen das folgende allgemeinere Resultat über oszillierende Integrale.

Satz 4.1 *Seien $a < x_0 < b$ reelle Zahlen und sei $f : [a, b] \to \mathbb{R}$ eine fünfmal stetig differenzierbare Funktion, die ein Minimum in x_0 mit $f''(x_0) > 0$ besitzt. Sei auch $f'(x) > 0$ für $x > x_0$ und $f'(x) < 0$ für $x < x_0$. Sei schließlich $g : [a, b] \to \mathbb{C}$ zweimal stetig differenzierbar. Dann gilt für $z \to \infty$*

$$\int_a^b e^{izf(x)} g(x)\, dx = g(x_0) e^{izf(x_0)+i\pi/4} \sqrt{\frac{2\pi}{zf''(x_0)}} + O(z^{-1}).$$

Besitzt f in x_0 ein Minimum, so gilt ein analoges Resultat, wie man durch Übergang zum konjugiert komplexen Ausdruck unmittelbar erkennt.

Man spricht von dieser Asymptotik als dem *Verfahren der stationären Phase.* Die Intuition ist, dass die Exponentialfunktion im Integranden mit wachsendem z immer schneller oszilliert, wobei sich dann benachbarte Teile des Integrals weitgehend kompensieren. Nur um das Minimum x_0 herum erscheint $f(x)$ nahezu konstant, „stationär", sodass dort der Effekt ausbleibt. Daher kommt in der Asymptotik nur das Verhalten von f und g bei x_0 ins Spiel. Die Annahme $f'(x) \neq 0$ für $x \neq x_0$ garantiert, dass f an keiner anderen Stelle stationäres Verhalten entwickelt. Die Glattheitsannahmen an f und g können deutlich abgeschwächt werden, kritisch sind sie vornehmlich bei x_0. Unsere starken Annahmen ermöglichen einen schnellen Beweis ohne größeren technischen Aufwand.

Beispiel: Besselfunktionen
(i) Für $a = 0$, $b = \pi$, für $f(s) = -\sin x$ und für $g(x) = e^{inx}$ ergibt Satz 4.1 mit $x_0 = \pi/2$

$$\int_0^\pi e^{-iz\sin x} e^{inx}\, dx = e^{i(n\frac{\pi}{2}-z+\frac{\pi}{4})} \sqrt{\frac{2\pi}{z}} + O(z^{-1}) \qquad (4.14)$$

Für den Realteil folgt gemäß (3.20)

$$J_n(z) = \sqrt{\frac{2}{\pi z}} \cos\left(z - \frac{n\pi}{2} - \frac{\pi}{4}\right) + O(z^{-1}).$$

Diese Formel bestätigt unsere heuristischen Überlegungen zum asymptotischen Verhalten von J_n. (Siehe auch Aufgabe 10 in Kap. 5.)

(ii) Für $a = 0$, $b = \pi$, $f(x) = x - \alpha \sin x$ und $g(x) = 1$ sind die Voraussetzungen des Satzes 4.1 für $\alpha > 1$ erfüllt. Dann bestimmt sich x_0 aus der Gleichung $\cos x_0 = 1/\alpha$, und wir haben $f''(x_0) = \alpha \sin x_0 = \sqrt{\alpha^2 - 1}$. Der Satz ergibt

$$\int_0^\pi e^{-iz\alpha \sin x} e^{izx}\, dx = e^{i(zx_0 - z\alpha \sin x_0 + \pi/4)} \sqrt{\frac{2\pi}{z\alpha \sin x_0}} + O(z^{-1}).$$

Durch Übergang zum Realteil ergibt sich für ganzzahliges z

$$J_z(\alpha z) = \sqrt{\frac{2}{\pi z\alpha \sin x_0}} \cos\left((x_0 - \alpha \sin x_0)z + \pi/4\right) + O(z^{-1}).$$

Dies ist die *Debye-Asymptotik* für Besselfunktionen wachsender Ordnung.

Beweis von Satz 4.1   O.E.d.A. nehmen wir $x_0 = f(x_0) = 0$ an. Wir benutzen die Zerlegung

$$\int_a^b e^{izf(x)} g(x)\, dx = c \int_a^b e^{izw^2(x)} w'(x)\, dx + \int_a^b e^{izf(x)} f'(x) h(x)\, dx \qquad (4.15)$$

mit den Funktionen

$$w(x) := \begin{cases} \sqrt{f(x)} & \text{für } x \geq 0 \\ -\sqrt{f(x)} & \text{für } x < 0 \end{cases} \quad \text{und} \quad h(x) := \frac{g(x) - cw'(x)}{f'(x)} \quad \text{mit } c := \frac{g(0)}{w'(0)}.$$

Die beiden Integrale rechts in (4.15) werden wir mittels Substitution bzw. partieller Integration umformen. Dazu benötigen wir, dass w und h auch im Nullpunkt ausreichend glatt sind.

Die Funktion w erweist sich als dreimal stetig differenzierbar: Wegen $f(0) = f'(0) = 0$ gilt

$$f(x) = \int_0^x \int_0^y f''(u)\, du\, dy = x^2 \int_0^1 \int_0^t f''(xs)\, ds\, dt, \qquad (4.16)$$

wobei wir die Substitutionen $u = xs$, $y = xt$ benutzt haben. Das rechte Doppelintegral ist nach Annahme über f eine dreimal stetig differenzierbare Funktion, da man hier Differentiation und Integration vertauschen darf. Auch ist das rechte Doppelintegral für $x \neq 0$ strikt positiv, da dies für $f(x)$ gilt, und auch für $x = 0$ strikt positiv, da wir nach Annahme $f''(0) > 0$ haben. Wir können also die Gl. (4.16) als $f(x) = x^2 d(x)^2$ schreiben, mit einer strikt positiven, dreimal stetig differenzierbaren Funktion $d(x)$. Damit ist auch

$w(x) = x d(x)$ dreimal stetig differenzierbar. Auch gilt $d(0)^2 = \frac{1}{2} f''(0)$ und folglich

$$w'(0) = \sqrt{\frac{1}{2} f''(0)}.$$

Die Funktion h ist zunächst im Nullpunkt nicht definiert. Sie lässt sich dort glatt fortsetzen und zu einer stetig differenzierbaren Funktion machen: Wegen $g(0) - c w'(0) = 0$ und $f'(0) = 0$ und mittels Substitution erhalten wir für $x \neq 0$

$$h(x) = \frac{\int_0^x (g'(y) - c w''(y)) \, dy}{\int_0^x f''(y) \, dy} = \frac{\int_0^1 (g'(xt) - c w''(xt)) \, dt}{\int_0^1 f''(xt) \, dt}.$$

Das Integral rechts im Nenner ist wegen $f''(0) > 0$ nun auch für $x = 0$ ungleich Null. Auch sind Zähler und Nenner stetig differenzierbare Funktionen, was dann auch für h gilt.

Wir können nun die rechte Seite von (4.15) umformen, das erste Integral durch die Substitution $u = \sqrt{z} w(x)$ und das zweite durch partielle Integration. Es folgt

$$\int_a^b e^{izf(x)} g(x) \, dx$$
$$= \frac{c}{\sqrt{z}} \int_{\sqrt{z}w(a)}^{\sqrt{z}w(b)} e^{iu^2} \, du + \left[\frac{1}{iz} e^{izf(x)} h(x) \right]_a^b - \frac{1}{iz} \int_a^b e^{izf(x)} h'(x) \, dx. \tag{4.17}$$

Aufgrund der Stetigkeit von h' ist das rechte Integral in der Variablen z dem Betrag nach beschränkt, und wir erhalten zwei Terme der Größenordnung $O(z^{-1})$.

Es bleibt das *Fresnelsche Integral*

$$F(t) := \int_0^t e^{iu^2} \, du = \int_0^{t^2} \frac{e^{iv}}{2\sqrt{v}} \, dv = \int_0^{t^2} \frac{\cos v}{2\sqrt{v}} \, dv + i \int_0^{t^2} \frac{\sin v}{2\sqrt{v}} \, dv$$

zu untersuchen. Das Leibnizsche Konvergenzkriterium für alternierende Reihen ergibt, dass das Integral

$$\int_0^\infty \frac{\sin v}{2\sqrt{v}} \, dv = \sum_{k=0}^\infty \int_{k\pi}^{(k+1)\pi} \frac{\sin v}{2\sqrt{v}} \, dv$$

im Sinne eines uneigentlichen Integrals konvergiert. Sein Wert ist positiv, da die positiven Summanden die negativen dominieren. Genauso konvergiert $\int_0^\infty \frac{\cos v}{2\sqrt{v}} \, dv$, sodass insgesamt der Limes

$$\int_0^\infty e^{iu^2} \, du := F(\infty) = \lim_{t\to\infty} F(t)$$

existiert, mit positivem Imaginärteil $\Im F(\infty)$. Die Summanden in der alternierenden Reihe sind von der Größenordnung $O(k^{-1/2})$, was im Leibniz-Kriterium auch zu einer Aussage über die Konvergenzgeschwindigkeit der Reihe führt. Wir erhalten

$$F(\infty) - F(t) = O(t^{-1}).$$

Für (4.17) folgt unter Beachtung von $w(a) < 0 < w(b)$

$$\int_a^b e^{izf(x)^2} g(x)\,dx = g(0)\sqrt{\frac{2}{zf''(0)}} \int_{-\infty}^{\infty} e^{iu^2}\,du + O(z^{-1}). \tag{4.18}$$

Es bleibt, den Wert des Integral zu bestimmen. Ihn gibt die folgende Proposition an. □

Proposition 4.2 *Es gilt*

$$\int_{-\infty}^{\infty} e^{izu^2}\,du = e^{i\pi/4}\sqrt{\pi}.$$

Beweis Üblicherweise führt man den Beweis mit Cauchys Integralsatz aus der Funktionentheorie. Wir folgen einem elementaren Argument von R. Výborný[1]. Wir setzen

$$\varphi(t) = \left(\int_0^t e^{iu^2}\,du\right)^2, \quad \psi(t) = \int_0^1 \frac{\exp(i(1+x^2)t^2)}{i(1+x^2)}\,dx.$$

Es gilt

$$\psi'(t) = \int_0^1 \exp(i(1+x^2)t^2)\,2t\,dx = 2e^{it^2}\int_0^t e^{iu^2}\,du = \varphi'(t)$$

sowie $\varphi(0) = 0$, $\psi(0) = \arctan(1)/i = -i\pi/4$, und es folgt

$$\varphi(t) = \psi(t) + i\frac{\pi}{4}.$$

In dieser Formel lassen wir t gegen ∞ laufen. Aus der Darstellung

$$\psi(t) = \frac{e^{it^2}}{2i}\int_{-1}^1 \frac{e^{ix^2t^2}}{1+x^2}\,dx$$

ergibt sich aus (4.18) die Gleichung $\psi(\infty) = 0$. Daher folgt

$$\varphi(\infty) = i\frac{\pi}{4} = e^{i\pi/2}\frac{\pi}{4}$$

und damit

$$\int_0^{\infty} e^{iu^2}\,du = \pm e^{i\pi/4}\frac{\sqrt{\pi}}{2}.$$

Wie im Beweis des letzten Satzes festgestellt ist der Imaginärteil des Integrals positiv, sodass in dieser Gleichung das Pluszeichen die richtige Wahl ist. Daraus ergibt sich dann die Behauptung der Proposition. □

---

[1] Elementary evaluation of Fresnel's integrals, *Mathematica Bohemica,* Vol. 116 (1991), No. 4, 401–404.

Für den nächsten Abschnitt halten wir fest, dass die Besselfunktion $J_n(z)$ auf dem Intervall $(0, n]$ keine Nullstelle besitzt, jenseits von $z = n$ aber unendlich viele Nullstellen aufweist.

4.8   Der Klang der kreisförmigen Membran

Wir kehren zu unserer Behandlung der schwingenden runden Membran vom Radius a zurück. Insgesamt haben wir folgende Schwingungsmoden erhalten:

$$u(t, x, y) = J_n(kr)\sin(n\varphi + \sigma)\sin(\omega t + \theta). \tag{4.19}$$

Die Kreisfrequenzen $\omega = kc$ ergeben sich aus der Randbedingung $R(a) = 0$ bzw.

$$J_n(ka) = 0.$$

Sie bestimmen sich also aus den Nullstellen $0 < z_{n1} < z_{n2} < \cdots$ der Besselfunktionen der Ordnung n, von denen es nach den Ergebnissen des letzten Abschnitts unendlich viele gibt. Die Formel lautet also

$$\omega_{nm} = \frac{c z_{nm}}{a}, \quad m \in \mathbb{N}, \; n \in \mathbb{N}_0. \tag{4.20}$$

Die Tabelle gibt die kleinsten positiven Nullstellen von Besselfunktionen an. Sie lässt erkennen, dass sich in (4.20) kein harmonisches Klangspektrum einstellt. Mit dem Schlagen einer Trommel erzeugt man ja auch keinen Ton.

z_{01}	z_{11}	z_{21}	z_{02}	z_{31}	z_{12}	z_{41}	z_{22}	z_{03}
2,405	3,832	5,136	5,520	6,380	7,016	7,588	8,417	8,654

Wie aus der Formel (4.19) ersichtlich treten Nullstellen der Besselfunktion wie auch der Sinusfunktion in der Variablen φ als *Knotenlinien* der Moden in Erscheinung. Dort hält die Membran still. Es handelt sich um zentrierte Kreise und um Diameter, dabei gibt der Parameter m die Anzahl der reglosen Kreise (unter Einschluss des Randkreises) und n die Anzahl der reglosen Durchmesser an. Die Knotenlinien, die zu den in der Tabelle aufgeführten Nullstellen von Besselfunktionen gehören, zeigt der Reihe nach Abb. 4.5.

Wir zeigen abschließend, dass wir für kreisförmige Membranen keine Schwingungsmoden übersehen haben. Solch eine stehende Welle wäre von der Gestalt

$$u(t, x, y) = T(t)v(x, y) = T(t)V(r, \varphi)$$

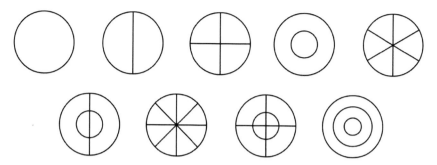

Abb. 4.5 Knotenlinien der ersten Membranmoden

mit zweimal stetig differenzierbarem v bzw. V. Die Wellengleichung $u_{tt} = c^2 \Delta u$ ergibt

$$\frac{1}{c^2} \frac{T''}{T} = \frac{\Delta v}{v},$$

sodass diese beiden Ausdrücke wieder einen festen Wert $-\lambda$ annehmen und sich die Wellengleichung in zwei Differentialgleichungen sondert. Die eine lautet $\Delta v = -\lambda v$, eine Eigenwertgleichung für den Laplaceoperator Δ. Der Nachweis von $\lambda > 0$ gelingt hier folgendermaßen. Wir integrieren über die Kreisscheibe G:

$$\lambda \iint_G v^2 \, dx dy = - \iint_G v \Delta v \, dx dy$$

$$= - \iint_G v v_{xx} \, dx dy - \iint_G v v_{yy} \, dx dy.$$

Mit einer partiellen Integration nach der Variablen x bei festem y erhalten wir

$$- \iint_G v v_{xx} \, dx dy = - \int_{-a}^{a} \int_{-\sqrt{a^2-y^2}}^{\sqrt{a^2-y^2}} v(x,y) v_{xx}(x,y) \, dx \, dy$$

$$= \int_{-a}^{a} \int_{-\sqrt{a^2-y^2}}^{\sqrt{a^2-y^2}} v_x(x,y)^2 \, dx \, dy$$

$$= \iint_G v_x^2 \, dx dy,$$

dabei haben wir benutzt, dass $v(x, y)$ auf dem Rand von G verschwindet. Genauso behandelt man das andere Doppelintegral bei Vertauschung der Rollen von x und y, und wir gelangen zu der Formel

$$\lambda \iint_G v^2 \, dx dy = \iint_G (v_x^2 + v_y^2) \, dx dy.$$

Abgesehen vom Fall, dass v identisch verschwindet, sind beide Integrale positiv, und es folgt $\lambda > 0$.

Die Funktion $V(r, \varphi)$ ist bei festem r periodisch in der Variablen φ. Wir entwickeln sie in die Fourierreihe

$$V(r, \varphi) = \sum_{n=-\infty}^{\infty} c_n(r) e^{in\varphi}$$

mit

$$c_n(r) = \frac{1}{2\pi} \int_{-\pi}^{\pi} V(r, \varphi) e^{-in\varphi} \, d\varphi$$

und zeigen, dass die Funktion $c_n(r)$ einer Besselschen Differentialgleichung gehorcht. Da V zweimal stetig differenzierbar ist gilt mit Vertauschung von Differentiation und Integration

$$c_n''(r) + \frac{1}{r} c_n'(r) = \frac{1}{2\pi} \int_{-\pi}^{\pi} \left(V_{rr}(r, \varphi) + \frac{1}{r} V_r(r, \varphi) \right) e^{-in\varphi} \, d\varphi.$$

Aus $\Delta v = -\lambda v$ ergibt sich mittels (4.9) die Gleichung $V_{rr} + r^{-1} V_r + r^{-2} V_{\varphi\varphi} = -\lambda V$ und folglich

$$c_n''(r) + \frac{1}{r} c_n'(r) = \frac{1}{2\pi} \int_{-\pi}^{\pi} \left(-\lambda V(r, \varphi) - \frac{1}{r^2} V_{\varphi\varphi}(r, \varphi) \right) e^{-in\varphi} \, d\varphi.$$

Mit einer zweifachen partiellen Integration folgt

$$c_n''(r) + \frac{1}{r} c_n'(r) = \frac{1}{2\pi} \int_{-\pi}^{\pi} \left(-\lambda V(r, \varphi) + \frac{n^2}{r^2} V(r, \varphi) \right) e^{-in\varphi} \, d\varphi$$

oder

$$c_n'' + \frac{1}{r} c_n' = \left(\frac{n^2}{r^2} - \lambda \right) c_n.$$

Wie schon früher festgestellt, erfüllt damit die reskalierte Funktion $c_n(r/k)$ mit $k^2 = \lambda$ die Besselsche Differentialgleichung, und es folgt

$$c_n(r) = A_n J_n(kr)$$

mit Konstanten $A_n \in \mathbb{C}$. Aus der Randbedingung $V(a, \varphi) = 0$ für alle φ folgt außerdem $c_n(a) = 0$. Dies stellt die Verbindung zu den Nullstellen der Besselfunktionen her:

$$ka = z_{nm}$$

für ein $m \geq 1$, sofern nicht $A_n = 0$ gilt. Wir wissen, dass $z_{n1} > n$ gilt, deswegen gibt es nur endlich viele n mit $A_n \neq 0$. Darüber hinaus ergibt ein tiefliegender Satz von L. Siegel, dass die Nullstellen aller Besselfunktionen untereinander verschieden sind. Es folgt, dass A_n nur für (höchstens) ein n ungleich 0 ist und folglich

$$V(r, \varphi) = A_n J_n(r\sqrt{\lambda})e^{in\varphi}$$

gilt. Dies ist unsere Behauptung.

4.9   Anhang: Die Pauke

Die Membran hat, wenn man sie schlägt, keinen Ton, dazu sind ihre Teiltöne zu weit von harmonischen Frequenzverhältnissen entfernt. Auch bei der Kesselpauke finden sich die Schwingungsmoden der Membranen, dabei ist jedoch auffällig, dass die Pauke, wenn man sie an der richtigen Stelle anschlägt, einen deutlichen Ton aufweist. Wie geht das zusammen? Hier ist zu beachten, dass unsere Rechnungen zunächst einmal nur für Membranen gelten, die im Vakuum schwingen. Zwar ändert sich unter Luftdruck qualitativ wenig und die Gestalt der Moden bleibt erhalten. Wenn es jedoch um die Harmonizität des Klangs geht, kommt es auf die genauen Werte der Frequenzen im Spektrum der Obertöne an. Dies geben die Rechnungen für das Vakuum dann nicht mehr her.

Bei der Pauke müssen die Druckschwankungen der Luft innerhalb wie außerhalb des Kessels mit in Betracht gezogen werden. Ihr Wechselspiel mit der schwingenden Membran haben R.S. Christian et al. (1984) in einem detaillierten Modell mathematisch erfasst. Ihre theoretischen Resultate stimmen gut mit empirisch ermittelten Werten überein, dabei zeigt sich, dass der Luftdruck allein noch nicht ausreicht, um zu harmonischen Obertönen zu gelangen. Erst mit dem Kessel gelingt dies. (Die Autoren stützen sich bei ihrer Analyse auf die Technik der Greenschen Funktionen, die mathematischen Details sind teils subtil und zu aufwendig, um sie hier darzustellen.)

Die Pauke wird nicht im Zentrum angeschlagen, sondern nahe am Rand, ungefähr ein Viertel auf der Strecke hin zum Mittelpunkt der Membran. Damit wird erreicht, dass die Mode mit der tiefsten Frequenz nicht mitvibriert (man kann das feststellen, indem man beim Anschlagen der Pauke den Finger ins Zentrum setzt; die Schwingung wird dadurch kaum gehemmt). Die Frequenz ω_{01} steht nämlich weiterhin in keinem harmonischen Verhältnis zu den höheren Moden, sie ist für die Tonbildung untauglich. Vielmehr werden mit dem Schlag am Rand insbesondere die Moden mit den Kreisfrequenzen $\omega_{11}, \omega_{21}, \omega_{31}, \omega_{41}$ zum Schwingen gebracht. Sie stehen nahezu im Verhältnis 2:3:4:5, wie man der Tabelle entnimmt (nach Christian et al., dabei ist der Wert von ω_{11} auf 1 gesetzt).

Modenfrequenz	ω_{01}	ω_{11}	ω_{21}	ω_{31}	ω_{41}
Theoretische Werte:					
Membran im Vakuum	0,63	1,00	1,34	1,66	1,98
Pauke ohne Kessel	0,54	1,00	1,44	1,92	2,28
Pauke mit Kessel	0,87	1,00	1,51	1,99	2,46
Empirische Werte:					
Pauke mit Kessel	0,88	1,00	1,50	1,98	2,45

Der Grundton fehlt im Klangspektrum – dass er gar nicht nötig ist, haben wir schon früher unter dem Stichwort Residualton besprochen.Bemerkenswert ist die gute Übereinstimmung der beiden letzten Zeilen in der Tabelle.

4.10   Aufgaben

Aufgabe 1
Die reellwertige, zweimal stetig differenzierbare Funktion $f(t)$, $t \geq 0$, erfülle die Differentialgleichung $f + f'' = 0$. Wir wollen die Gleichung lösen. Setze $g(t) := f(t) - \alpha \sin(t + \beta)$ mit $\alpha, \beta \in \mathbb{R}$. Zeigen Sie der Reihe nach:

   (i) $g + g'' = 0$
   (ii) $g^2 + (g')^2 = \gamma$ für eine Zahl $\gamma \geq 0$.
   (iii) $\gamma = 0$ bei geeigneter Wahl von α und β.
   (iv) $f(t) = \alpha \sin(t + \beta)$, $t \geq 0$, für geeignete α und β.

Aufgabe 2
Ein Balken (Stab) der Länge ℓ ist am linken Ende (an der Stelle $x = 0$) waagerecht eingespannt und am rechten, freien Ende (an der Stelle $x = \ell$) mit einem Gewicht belastet. Bestimmen Sie seine Biegelinie $u(x)$, $0 \leq x \leq \ell$, im Ruhezustand (ohne Schwingungen). Vernachlässigen Sie dabei das Eigengewicht des Balkens.

Aufgabe 3: Biegesteife Saite mit eingespannten Enden
Wir betrachten Lösungen X der Gl. (4.5) auf dem Intervall $[-\ell/2, \ell/2]$ mit den Randbedingungen

$$X(\ell/2) = X(-\ell/2) = X'(\ell/2) = X'(-\ell/2) = 0.$$

Zeigen Sie die folgenden Aussagen:

(i) Für eine Lösung der Gestalt $X(x) = \beta_1 \cos kx + \beta_2(e^{\mu x} + e^{-\mu x})$, also eine gerade Lösung, gilt (zusätzlich zu (4.7)) die Gleichung

$$\cot \frac{k\ell}{2} = -\frac{k}{\mu} \cdot \frac{1 + e^{-\mu\ell}}{1 - e^{-\mu\ell}}$$

und für eine ungerade Lösung $X(x) = \beta_1 \sin kx + \beta_2(e^{\mu x} - e^{-\mu x})$ die Gleichung

$$\tan \frac{k\ell}{2} = \frac{k}{\mu} \cdot \frac{1 - e^{-\mu\ell}}{1 + e^{-\mu\ell}}.$$

(ii) Zu vorgegebenem k gibt es (bis auf eine multiplikative Konstante) höchstens eine nichtverschwindende Lösung X mit den angegebenen Randbedingungen, die dann gerade oder ungerade ist.
Hinweis: Zeigen Sie zunächst, dass es nicht gleichzeitig eine gerade und eine ungerade Lösung geben kann und führen Sie die Behauptung darauf zurück.

(iii) Es gibt eine unendliche Folge $X_1, X_2, \ldots$ von Lösungen, die die Randbedingungen erfüllen, mit zugehörigen Zahlen $0 < k_1 < k_2 < \cdots$ und $1/\sqrt{\eta} < \mu_1 < \mu_2 < \cdots$. Für alle $n \in \mathbb{N}$ gilt im Limes $\eta \to 0$

$$\mu_n \sim \frac{1}{\sqrt{\eta}} \quad \text{und} \quad k_n(\ell - 2\sqrt{\eta}) = \pi n + o(\sqrt{\eta}).$$

Hinweis: Benutzen Sie Gl. (4.7) und (i).

Die Steifheit der Saite wirkt sich also bei eingespannten Enden und bei kleiner Steife η wie eine Verkürzung der Saitenlänge ℓ um $2\sqrt{\eta}$ bei einer flexiblen Saite aus.

Aufgabe 4
Zeigen Sie, dass sich der Laplaceoperator $\Delta = \frac{\partial^2}{\partial x^2} + \frac{\partial^2}{\partial y^2}$ bei einer orthogonalen Koordinatentransformation in seiner Gestalt reproduziert.

Aufgabe 5
Beweisen Sie für die Besselfunktionen J_n mit beliebigem ganzzahligen n die Gleichungen

$$2nJ_n(z) = z(J_{n-1}(z) + J_{n+1}(z)),$$
$$2J'_n(z) = J_{n-1}(z) - J_{n+1}(z).$$

Aufgabe 6
Wir wollen zeigen, dass die aufeinanderfolgenden Extremalwerte der Besselfunktion J_0 dem Absolutbetrag nach fallen. Beweisen Sie dazu für $0 < u < v$ die Gleichung

$$J_0(v)^2 - J_0(u)^2 + J'_0(v)^2 - J'_0(u)^2 + \int_u^v \frac{2}{z} J'_0(z)^2 \, dz = 0$$

und folgern Sie die Behauptung.

Hinweis: Für die analoge Aussage für J_n siehe F. E. Relton, Applied Bessel Functions, 1946, S. 37.

Aufgabe 7
Seien $z_1 \neq z_2$ zwei positive Nullstellen von J_n. Zeigen Sie

$$\int_0^1 r J_n(z_1 r) J_n(z_2 r)\, dr = 0.$$

Hinweis: Integrieren Sie $\int_0^1 r J_n'(z_1 r) J_n'(z_2 r)\, dr$ partiell und benutzen Sie die Besselsche Differentialgleichung.

Aufgabe 8
Lösen Sie die Besselgleichung

$$z^2 J''(z) + z J'(z) + (z^2 - n^2) J(z) = 0$$

für $n = 1/2$. Was sind die Definitionsbereiche der verschiedenen Lösungen?
Hinweis: Betrachten Sie erst $K(z) = \sqrt{z} J(z)$.

Aufgabe 9: Besselfunktionen zweiter Art
Sei z_1 die erste Nullstelle der Besselfunktion J_n. Zeigen Sie:

(i)   Die Funktion

$$Y_n(z) := J_n(z) \int_a^z \frac{dy}{y J_n(y)^2}, \quad 0 < z < z_1,$$

mit $0 < a < z_1$ löst auf dem Intervall $(0, z_1)$ ganz wie J_n die Besselsche Differentialgleichung.
(ii) $Y_n(z) \to -\infty$ für $z \to 0$.
(iii) Bis auf einen Faktor ist J_n die einzige beschränkte Lösung der Besselschen Differentialgleichung auf $(0, \infty)$.
      Hinweis: Hat man zwei Lösungen g_1 und g_2 der Differentialgleichung auf $(0, z_1)$, die nicht Vielfache voneinander sind, so lässt sich (wie ganz allgemein bei linearen Differentialgleichungen 2. Ordnung) jede Lösung f auf $(0, z_1)$ als Linearkombination $f = r_1 g_1 + r_2 g_2$ mit $r_1, r_2 \in \mathbb{R}$ darstellen.

Y_n lässt sich mit obiger Definition zu einer Lösung der Besselgleichung aus der gesamten positiven Halbachse fortsetzen. Bei spezieller Wahl von a ergibt sich die *Besselfunktion 2. Art*, auch als *Neumannfunktion* bezeichnet.

Aufgabe 10
Das asymptotische Verhalten der Besselfunktion J_n legt die folgende Asymptotik ihrer Ableitung nahe:

$$J_n'(z) = -\sqrt{\frac{2}{\pi z}} \sin\left(z - \frac{n\pi}{2} - \frac{\pi}{4}\right) + O(z^{-1})$$

für $z \to \infty$. Beweisen Sie die Formel.
Hinweis: Schreiben Sie die Ableitung als oszillierendes Integral oder benutzen Sie Aufgabe 5.

Aufgabe 11: Klotoide
Fasst man die Fresnelschen Integrale $\int_0^t e^{iu^2}\, du$ als Pfad

$$F(t) = \left(\int_0^t \cos u^2 \, du, \int_0^t \sin u^2 \, du \right), \quad t \geq 0,$$

durch den $\mathbb{R}^2$ auf, so spricht man von der *Klotoide*. Zeigen Sie

$$|F'(t)| = 1, \quad |F''(t)| = 2t, \quad F'(t) \perp F''(t)$$

für alle $t \geq 0$. Skizzieren Sie den Pfadverlauf. Anfangsstücke der Klotoide werden im Eisenbahn-bau als Verbindung zwischen geraden und kreisförmigen Gleisabschnitten benutzt, ähnlich auch im Straßenbau. Können Sie diesen Sachverhalt erklären?

Aufgabe 12: Schwingen einer hängenden Kette

Eine Kette der Länge ℓ hängt mit freiem Ende von der Decke. Der Punkt x sei die Stelle auf der Kette, die vom freien Ende nach oben den Abstand x hat. Wir betrachten Schwingungen der Kette, wobei $u(t, x)$ die horizontale Auslenkung der Kette aus der Ruhelage an der Stelle x zur Zeit t bezeichnet. Die Bewegungsgleichung der Kette lautet dann (keine Begründung erforderlich)

$$u_{tt} = g(x u_x)_x$$

mit der Gravitationskonstanten $g > 0$.

(i) Welche Gleichung ergibt sich für X beim Ansatz $u(t, x) = T(t) X(x)$?
(ii) Welcher Gleichung folgt die Funktion $Y(y)$, $0 \leq y \leq a\sqrt{\ell}$, gegeben durch $Y(a\sqrt{x}) = X(x)$, $a > 0$? Wählen Sie a passend.
(iii) Welche stehenden Wellen erlaubt die hängende Kette, welches sind die zugehörigen Frequenzen?
   Hinweis: Es gilt $X(\ell) = 0$.

Rund um den Schwingungswiderstand 5

5.1 Einleitung

Unsere bisherige Behandlung von schwingenden Saiten und Luftsäulen war idealisiert und sieht bei Musikinstrumenten über einen wesentlichen Umstand hinweg. Für die schwingenden Saiten gingen wir davon aus, dass sich deren Enden beide nicht bewegen. Es müssen aber die Oszillationen auf den Resonanzkörper übertragen werden, damit sie hörbar werden. Das gelingt, indem ein Saitenende gemeinsam mit dem Korpus schwingt. Ähnlich ist bei schwingenden Luftsäulen die Annahme unzureichend, dass an einem offenen Röhrenende keine Druckschwankungen mehr auftreten. Dort könnte dann kein Schall nach außen dringen. In diesem Kapitel lernen wir realistischere Ansätze kennen.

Das vereinende Element dieses Kapitels ist der Begriff der Impedanz. Dies betrifft einen Aspekt der Ausbreitung von Wellen, den wir bislang vernachlässigt haben. Wie wir wissen, sind hier zwei Akteure beteiligt, deren Interaktion wir aber ausgeblendet haben. Allgemein gesprochen geht es um das Zusammenspiel einer „Schubvariable" p und einer „Flussvariable" v (z. B. Schalldruck/Schallschnelle, Kraft/Geschwindigkeit, in anderem Zusammenhang elektrische Spannung/Strom). Von besonderem Interesse ist ihr Verhältnis $z = p/v$, das den erforderlichen Schub p angibt, um beim Schwingen einen gewissen Fluss v einzustellen. Ein großer Wert von z bedeutet hier einen großen Aufwand, anders ausgedrückt einen großen Widerstand gegen aufgezwungene Oszillationen. Im Allgemeinen ist der Quotient p/v von der Zeit t abhängig und damit als Kenngröße wenig geeignet. Deshalb fokussiert man auf den Fall von harmonisch oszillierenden Variablen $p(t) = Pe^{i\omega t}$ und $v(t) = Ve^{i\omega t}$, dann erhält man den zeitunabhängigen Quotienten der Amplituden

$$Z = \frac{P}{V}.$$

Die Größe heißt *Schwingungswiderstand* oder *Impedanz*. Bei harmonischen Wellen in einem Medium, bei denen $P = P(x)$ und $V = V(x)$ neben ω vom Ort x abhängen können, hat man den *Wellenwiderstand*, die *Feldimpedanz* $Z = Z(x) = P(x)/V(x)$. Wie wir sehen werden, ist Z im Allgemeinen von der Kreisfrequenz ω abhängig (was wir in der Notation unterdrücken) und hat einen Wert in den komplexen Zahlen,

$$Z = R + iX.$$

Physikalisch realisierbar sind die Real- oder auch Imaginärteile von p und v. Eine komplexe Impedanz drückt sich dort in einer Phasendifferenz aus, wie wir gleich noch genauer ausführen.

In den Wert einer Impedanz geht zunächst einmal die physikalische Beschaffenheit des schwingenden Objektes ein. Für plane Schallwellen in einem homogenen Medium ist das schon alles. In diesem Fall braucht man sich auch nicht auf den harmonischen Fall zu beschränken. Nach Satz 2.3 wissen wir, dass dann $p(t, x)$ und $v(t, x)$ synchron schwingen und ihr Quotient durch den Ausdruck $Z_0 = \kappa/c$ gegeben ist, mit $c = \sqrt{\kappa/\rho}$. Die Formel kann man zu

$$Z_0 = \sqrt{\rho\kappa} = \rho c$$

umschreiben. Dies ist eine reellwertige, frequenzunabhängige Impedanz. Ihr Wert ist allein vom Medium bestimmt, deren Dichte ρ und der Wellengeschwindigkeit c. Man spricht von der *charakteristischen Impedanz* des Mediums, sie dient als Richtwert. Nimmt Z_0 einen hohen Wert an, so nennt man das Medium schallhart, und im gegenteiligen Fall schallweich. Für nicht-plane Druckwellen kommt es zusätzlich auf ihre Geometrie an, wir sehen gleich ein Beispiel.

Was kann man Impedanzen entnehmen? Stellen wir uns vor, dass wir, wie bei einem Musikinstrument, einem Gebilde eine harmonische Schwingung aufzwingen. Seine *Eingangsimpedanz* $Z = Z_{\text{in}}$ gibt dann an, wie das Objekt reagiert. Nun ist $p(t) = Pe^{i\omega t}$ der aufzubringende Schub und $v(t) = Ve^{i\omega t}$ der sich einstellende Fluss. Setzen wir der Einfachheit halber $V = 1$ und folglich $P = Z = R + iX$, so erhalten wir für die Imaginärteile $\bar{p}$ und $\bar{v}$ der Größen p und v

$$\bar{p}(t) = R \sin \omega t + X \cos \omega t = |Z| \sin(\omega t + \varphi) \quad \text{und} \quad \bar{v}(t) = \sin \omega t,$$

mit $\tan \varphi = X/R$ (für die Realteile sind die Gleichungen geringfügig unübersichtlicher). Der Imaginärteil X von Z tritt also in einer Phasenverschiebung φ von $\bar{p}$ gegenüber $\bar{v}$ in Erscheinung. Man erkennt das in der benötigten Arbeit, um das Gebilde zum Schwingen zu bringen. In Anlehnung an die Formel der Physik „Arbeit = Kraft × Weg" entsteht im einem Zeitintervall der Länge Δt der Arbeitsaufwand

$$\Delta W \approx \bar{p}(t) \times \bar{v}(t)\Delta t = \left(R \sin^2 \omega t + X \sin \omega t \cos \omega t\right)\Delta t.$$

Für $X \neq 0$ kann er negativ werden, dann gibt das schwingende Objekt periodisch Leistung zurück, eine Begleiterscheinung der Phasenverschiebung. Während einer Periode $T = 2\pi/\omega$ ist die Arbeit

$$W = \int_0^T \bar{p}(t)\bar{v}(t)\,dt = \frac{TR}{2}$$

aufzubringen, d. h. das System nimmt $W/T = R/2$ als Leistung (Arbeit pro Zeiteinheit) auf. Für beliebiges V hat man für die Leistung die Formel

$$\frac{W}{T} = \frac{1}{2}|V|^2 R.$$

Der von X herrührende Arbeitsanteil in ΔW hat wechselndes Vorzeichen, er pendelt zwischen dem schwingenden Gebilde und seinem Antreiber hin und her, hebt sich während einer Periode weg und taucht in der Leistungsbilanz nicht mehr auf. Diese „Blindarbeit" tritt immer dann auf, wenn $X \neq 0$ gilt bzw. $p(t)$ und $v(t)$ phasenverschoben sind, sie trägt insgesamt nichts bei, kann sich aber für das Gesamtsystem zu einer störenden zusätzlichen Belastung auswachsen. Nur bei reellwertiger Impedanz bleibt ihm dies völlig erspart.

Die Größen R und X einer Impedanz $Z = R + iX$ bezeichnet man als *Wirkwiderstand* (Resistanz) und *Blindwiderstand* (Reaktanz). (Auf die Unterteilung des Impedanzbegriffs, wie sie die Akustik vornimmt, gehen wir nicht weiter ein.)

Beispiel
Kugelwelle: Für eine in einem Fluid auslaufende Kugelwelle von der Gestalt $f(ct - r)/r = \exp(i(\omega t - kr))/r$ ergibt sich nach Satz 2.5 – mit $c = \omega/k$, $f(r) = \exp(ikr)$ und der Stammfunktion $F(r) = -ig(r)/k$ – ein Schalldruck $P(r)e^{i\omega t}$ und eine Schallschnelle $V(r)e^{i\omega t}$ mit

$$P(r) = \frac{\kappa}{r}e^{-ikr}, \quad V(r) = \left(\frac{c}{r} - \frac{ic}{kr^2}\right)e^{-ikr},$$

und folglich die Feldimpedanz

$$Z(r) = Z_0\frac{ikr}{1+ikr} = Z_0\left(\frac{k^2r^2}{1+k^2r^2} + \frac{ikr}{1+k^2r^2}\right)$$

mit $Z_0 = \kappa/c$. Sie hängt via k von ω ab. Insbesondere folgt

$$Z(r) \approx \begin{cases} Z_0 & \text{für } kr \gg 1, \\ Z_0ikr & \text{für } kr \ll 1. \end{cases} \tag{5.1}$$

Ist also r ausreichend groß, so gleicht sich $Z(r)$ der charakteristischen Impedanz Z_0 an. Darin spiegelt sich wieder, dass dann die Wellenfronten fast eben sind. Für kleines r wird die Impedanz klein und fast imaginär. Wir haben früher in Kap. 2 schon erklärt, dass es sich bei den beiden Bereichen um das (von k bzw. ω abhängige) Fern- und Nahfeld einer harmonischen Kugelwelle handelt. Anschaulich lassen sich die beiden Bereiche mit der Wellenlänge $\lambda = 2\pi/k$ beschreiben: Im Nahbereich ist $r \ll \lambda$ und im Fernbereich $r \gg \lambda$.

Im Fernfeld ist also die Impedanz im wesentlichen reell, im Nahfeld dominiert dagegen der Blindwiderstand. Wie lässt sich das begreifen? Stellen wir uns eine pulsierende („atmende") Kugel vom Radius $a > 0$ vor, die das Fluid in Schwingungen versetzt und die Kugelwelle generiert. Wir haben in Kap. 2 erläutert, dass sich das Fluid im Nahfeld zunehmend inkompressibel verhält, siehe (2.30). Überlagert über die Wellenbewegung findet sich dort eine dominante, um 90 Grad phasenverschobene Massenbewegung, für die in $V(r)$ der Term $-ic/(kr^2)$ steht. Sie muss zusätzlich durch die pulsierende Kugel angeschoben werden, daraus resultiert die Blindarbeit. Man bemerke, dass hier die Reaktanz positiv ist. Wie sich später auch in anderen Fällen bestätigt, lässt sich eine positive Reaktanz X (bzw. positive Phasenverschiebung φ) als Hinweis verstehen, dass bei einem Schwingungsvorgang gegen die Trägheit von Masse o. ä. gearbeitet werden muss.

Für Resonanz, fürs maximale Mitschwingen des schwingenden Objektes erscheint Blindarbeit wenig zuträglich. Es finden sich daher Resonanzen – wie sie ja auch Musikinstrumente realisieren – generell bei Frequenzen mit reeller Impedanz. Ist die Impedanz Z sogar gleich 0, so sind freie Schwingungen ohne jeglichen äußeren Schub möglich, man hat Schwingungsmoden, Eigenschwingungen, wie wir sie schon ausführlich erörtert haben. Sie sind ungedämpft, also eine Idealisierung, wie sie sich in der Realität nur annäherungsweise realisieren lässt. Jedoch können auch gedämpfte Schwingungen in diesen Kontext miteinbezogen werden. Eine gedämpfte Oszillation wird zeitlich durch eine Funktion $e^{i\omega t}$, $t \geq 0$, beschrieben, nun mit komplexwertigem $\omega = \sigma + i\delta$, also

$$e^{i\omega t} = e^{i\sigma t}e^{-\delta t}.$$

Bei Dämpfung hat man also eine positive Abklingrate δ. Auch derartigen Schwingungen lässt sich eine Impedanz zuordnen: Für Variablen $p(t) = Pe^{i\omega t}$ und $v(t) = Ve^{i\omega t}$ ist $Z = p(t)/v(t)$ erneut von der Zeit t unabhängig. Eine *freie gedämpfte Schwingung*, eine gedämpfte Schwingung ohne äußere Krafteinwirkung, wird nun genauso durch die Bedingung $Z = 0$ erfasst.

5.2 Der harmonische Oszillator

Das Modell des *harmonischen Oszillators* ist beispielgebend fürs Schwingen. Anschaulich handelt es sich um einen an einer Feder schwingfähig befestigten Körper, auf den auch noch Reibungskräfte wirken können (Abb. 5.1). Mit $u(t)$ sei seine Auslenkung aus der Ruhelage zur Zeit t bezeichnet.

Abb. 5.1 der harmonische
Oszillator

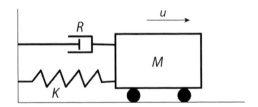

Was ist die Eingangsimpedanz des Systems? Hier handelt es sich um eine mechanische Impedanz. Die naheliegende Wahl für die Flussvariable ist die Geschwindigkeit des Körpers,

$$v = u'.$$

Zur Bestimmung der Schubvariablen überlegen wir uns, welche Kräfte aufzubringen sind. Erstens ist nach Newton eine Kraft der Größe Mu'' für das Beschleunigen des Körpers zu berücksichtigen, wobei M seine Masse angibt. Um zweitens gegen die Federspannung zu arbeiten, benötigt man eine Kraft, die beim harmonischen Oszillator als proportional zur Auslenkung u angenommen wird, also gleich Ku mit einer Federkonstante $K > 0$ gesetzt ist. Schließlich ist die Reibung zu überwinden mit einer Kraft, die als Ru' angenommen wird, proportional zur Geschwindigkeit mit einem Reibungskoeffizienten $R \geq 0$. In der Schubvariablen p werden diese Kräfte zusammengefasst:

$$p = Mu'' + Ru' + Ku.$$

Dies ist die Kraft, die wir von außen dem Oszillator aufzwingen müssen, um die Schwingung u zu realisieren. Mit $u(t) = Ue^{i\omega t}$ ergibt sich $v(t) = i\omega Ue^{i\omega t}$, $p(t) = (M(i\omega)^2 + Ri\omega + K)Ue^{i\omega t}$ und folglich die Eingangsimpedanz als

$$Z = R + i(M\omega - K\omega^{-1}).$$

Eine andere Darstellung der Impedanz ist

$$Z = \sqrt{KM}\left(D + i\left(\frac{\omega}{\omega_0} - \frac{\omega_0}{\omega}\right)\right)$$

mit

$$\omega_0 := \sqrt{\frac{K}{M}} \quad \text{und} \quad D := \frac{R}{\sqrt{KM}}.$$

Sie zeigt, dass der Verlauf der Impedanz als Funktion von ω (abgesehen von den Skalierungsgrößen $\sqrt{KM}$ und ω_0) allein durch den Wert von D bestimmt ist, welcher den Reibungskoeffizienten R ins Verhältnis zum geometrischen Mittel von K und M setzt. In der Physik ist es üblich, statt D den Kehrwert

$$Q = \frac{\sqrt{KM}}{R},$$

den *Gütefaktor* des harmonischen Oszillators zu verwenden. Ihm kann man z. B. das Verhalten bei freien, gedämpften Schwingungen entnehmen (siehe Aufgabe 1).

Resonanz tritt bei der Kreisfrequenz ω_0 ein, dort ist Z reellwertig und $|Z|$ minimal mit Wert R. Bei dieser Frequenz lässt sich der harmonische Oszillator mit dem geringsten Aufwand und ohne Blindarbeit zum Schwingen bringen, es heben sich die hemmenden Wirkungen von Masse und Feder auf. Nun bewegen sich $p = Zv$ und v synchron, was wegen $v = i\omega u$ bedeutet, dass p gegenüber u eine Phasenverschiebung von $\pi/2$ aufweist. Die äußere Krafteinwirkung läuft der Auslenkung aus der Ruhelage um $90°$ voraus. Bei $R = 0$ schwingt der harmonische Oszillator ungedämpft.

Für $\omega < \omega_0$ ist $X = M\omega - K\omega^{-1}$ negativ. Hier dominiert mit fallendem ω innerhalb p die Federkraft Ku. Damit gleichen sich p und u aneinander an und ihre Phasendifferenz hat für kleine ω einen Wert nahe bei 0. Entsprechend ist die Reaktanz X im Fall $\omega > \omega_0$ größer als 0 und die Phasenverschiebung größer als $\pi/2$. Nun passt sich p mit wachsendem ω der Beschleunigung Mu'' an, und die Phasendifferenz zwischen p und u strebt gegen 180 Grad. Grob können wir also drei Bereiche $\omega \ll \omega_0$, $\omega \approx \omega_0$ und $\omega \gg \omega_0$ unterscheiden, den *steifedominierten,* den *reibungsdominierten* und den *massedominierten* Bereich.

Umgekehrt können wir die Auslenkung u bei einer äußeren Kraft $p = Fe^{i\omega t}$ mit Amplitude $F > 0$ betrachten. Aus $u = v/(i\omega) = p/(i\omega Z)$ folgt

$$u(t) = Ae^{i\omega t} \quad \text{mit} \quad A = \frac{F}{K - M\omega^2 + iR\omega} = \frac{F/K}{1 - (\frac{\omega}{\omega_0})^2 + iD\frac{\omega}{\omega_0}}.$$

Die Amplitude $|A|$ hat ihr Maximum an einer Stelle, die für kleines D immer näher an ω_0 heranrückt. Dann tritt das Maximum auch immer ausgeprägter in Erscheinung. Abb. 5.2 zeigt $|A|$ für $D = 0{,}1$, $D = 0{,}2$ sowie $D = 0{,}5$ (von oben nach unten), darunter die zugehörige Phasendifferenz von p gegenüber u.

Der Helmholtz-Resonator Der Helmholtz-Resonator ist ein akustisches Pendant des harmonischen Oszillators nach Art einer Flasche, bestehend aus einem Hohlkörper und einem Hals mit konstantem Querschnitt. Beim Anblasen entsteht ein Ton, es schwingt die Luft im Hals, während das Gas im Hohlraum als federndes Luftkissen agiert. Wir wollen die Resonanzfrequenz bestimmen. Die Luft im Hals hat die Masse

$$M = \rho L S$$

Abb. 5.2 Amplitude und Phasendifferenz beim harm. Oszillator

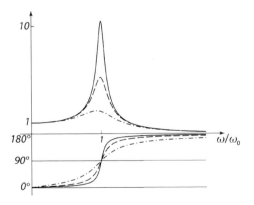

wobei ρ die Dichte der Luft, L die Länge und S die Querschnittsfläche des Flaschenhalses angibt (Abb. 5.3). Das Gas im Inneren wirkt wie eine Feder. Stellen wir uns vor, dass die Luft im Hals um die Strecke u in den Hohnraum gerückt ist. Dort erhöht sich dann die Masse um den Betrag $\rho S u$. Unter der Annahme, dass sich das Gas dann gleichmäßig über den Hohlraum verteilt, wächst die Dichte um $\rho S u/V$, wobei V das Volumen des Hohlraumes bezeichnet. Dies ergibt einen proportionalen Anstieg des Schalldrucks auf den Wert $p = \kappa S u/V$, mit derselben Konstanten κ, wie wir sie schon in Kap. 2 verwendet haben, siehe (2.6). Dieser Druck wirkt auf die gesamte Querschnittsfläche und treibt das Gas aus dem Flaschenhals mit der Kraft $pS = \kappa S^2 u/V$ zurück. Der Schalldruck wirkt also nach Art einer Federkraft mit der Federkonstanten

$$K = \kappa \frac{S^2}{V}.$$

Für die Resonanzkreisfrequenz ergibt sich

$$\omega_0 = \sqrt{\frac{K}{M}} = \sqrt{\frac{\kappa}{\rho} \frac{S}{LV}}.$$

Das Medium geht über die Konstante $\sqrt{\kappa/\rho}$ ein. Bemerkenswerterweise ist dies nach (2.9) gerade die Schallgeschwindigkeit c, wir erhalten also

$$\omega_0 = c \sqrt{\frac{S}{LV}}.$$

Die Formel bewährt sich für praktische Zwecke, bei zwei Einschränkungen. Erstens haben wir angenommen, dass sich beim Schwingen räumlich keine Druckunterschiede im Inneren einstellen. Dies ist gegeben, wenn der Resonator ausreichend klein dimensioniert ist (deutlich kleiner als die Wellenlänge bei Resonanz). Zweitens schwingt auch etwas Luft außerhalb des Halses an seinen beiden Enden mit, d. h. L liefert für die Resonanzformel einen zu kleinen Wert. Hier macht man von der Rayleighsche Endkorrektur der Länge Gebrauch, an beiden Enden des Flaschenhalses. Auf diesen Korrekturterm gehen wir später ein, siehe (5.16).

Die Resonanzen der Geige Die Schwingungen einer Geige stammen von ihren Saiten, den Klang gestaltet dann jedoch ihr Korpus, der die Schwingungen über den Steg aufnimmt und in die Luft abstrahlt. Geprägt wird dieser Vorgang durch eine Anzahl von Resonanzen des Korpus. Sie sind von zweierlei Typ. Einerseits hat man *Holzresonanzen,* Resonanzschwingungen des Geigenkörpers, die sich in die Luft fortpflanzen, andererseits *Luftresonanzen,*

Abb. 5.3 Helmholtz-Resonator

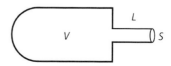

die wie bei einem Helmholtz-Resonator vom Zusammenspiel der Luft im Korpusinneren und der Luft an den f-Löchern oben auf der Geigendecke herrühren. Die Interaktion dieser Resonanzen machen einen Teil des Geigenklangs aus. Man sucht sie im Modell nachzubilden (Weinreich 1993), indem man die Auslenkungen mehrerer harmonischer Oszillatoren mit entsprechenden Resonanzfrequenzen übereinanderlegt. Dabei ist ein subtiler Unterschied zwischen den Holz- und den Luftfrequenzen in Rechnung zu stellen: Die jeweiligen Luftbewegungen sind entgegengesetzt. Bei den Holzresonanzen folgt die Luftbewegung den Schwingungen des Korpus, bei dessen Dehnung etwa fließt sie Richtung Außenraum. Bei den Luftresonanzen dagegen strömt die Luft durch die f-Löcher, bei Dehnung des Korpus dann ins Innere und also in die umgekehrte Richtung. Für harmonische Schwingungen bedeutet dies einen Phasenunterschied von 180°.

Der untere Frequenzbereich einer Geige wird in der Regel von drei Resonanzen bestimmt, eine Luftresonanz bei etwa 290 Hz und zwei Holzresonanzen bei 500 und 600 Hz. Abb. 5.4 zeigt die Amplitude und Phasenverschiebung (relativ zur Krafteinwirkung) einer Überlagerung $u = -u_1 + u_2 + u_3$ der Auslenkungen von drei entsprechend adjustierten harmonischen Oszillatoren in Abhängigkeit von der Frequenz. Mit dem Minuszeichen ist berücksichtigt, dass die erste Resonanz eine Luftfrequenz darstellt, entsprechend ist bei kleinem ω die Phasendifferenz nahe 180°, die dann (modulo 360°) wie bei jedem harmonischen Oszillator wächst.

Zwischen den Resonanzfrequenzen 290 und 500 Hz treffen der massedominierte Bereich der Luftresonanz und der steifedominierte Bereich der ersten Holzresonanz aufeinander. Wegen dem Phasenunterschied von 180° beider Resonanzen schwingen dort die beiden harmonischen Oszillatoren weitgehend synchron, sie stützen sich gegenseitig. Dies ist in der Graphik deutlich zu erkennen, die Phasenverschiebung verharrt fast konstant bei 0° und die Amplitude bleibt hoch. Ein ganz anderes Bild ergibt sich zwischen den beiden Holzresonanzen bei 500 und 600 Hz. Dort kreuzen sich mit nahe 180° Phasenverschiebung ein massedominierter und ein steifedominierter Frequenzbereich, sodass es zur partiellen Auslöschung der gegenläufigen Schwingungen kommt. Entsprechend bricht nun die Amplitude der Überlagerung ein und die Phasenverschiebung entwickelt sich bei wachsender Frequenz

Abb. 5.4 Eine Luft- und zwei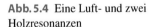
Holzresonanzen

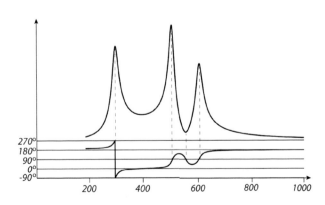

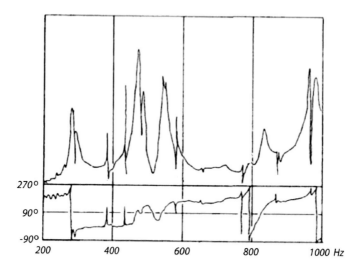

Abb. 5.5 Messdaten einer Geige nach Weinreich (1985). (Mit Erlaubnis der Kungl. Musikaliska Akademien, Stockholm)

rückläufig. Beim Minimum der Amplitude haben p und u eine Phasendifferenz von $90°$, also eine reelle Impedanz. In solch einem Fall destruktiven Schwingens spricht man von einer *Antiresonanz.*

Diese Modellierung ergibt, im Bereich tiefer Frequenzen bis 600 Hz ein grundsätzlich zutreffendes Bild, wie experimentelle Messungen an Geigen zeigen. Abb. 5.5 zeigt ein Beispiel (Auslenkung der Decke des Korpus bei normierter harmonischer Krafteinwirkung am Steg, Weinreich 1985). Im höheren Frequenzbereich lassen sich die Messwerte dann nicht mehr so einfach entschlüsseln.

5.3   Schwingende Saiten

Wir betrachten eine homogene, flexible Saite der Länge ℓ, deren Auslenkungen wir wieder durch eine Funktion $u(t, x)$, $0 < x < \ell$ erfassen. Im 2. Kapitel haben wir den Fall fest fixierter Saitenenden untersucht, jetzt erlauben wir Aufhängungen etwa an einem Steg, der nicht völlig unbeweglich ist (sonst könnten sich die Schwingungen der Saite gar nicht dem Resonanzkörper mitteilen), und fragen, wie sich nun das Schwingen der Saite gestaltet. Die wichtigen Größen sind (unter der Annahme, dass die Steigungen u_x minimal bleiben) die Zugkraft $p = -\kappa u_x$ quer zur Saite und die Geschwindigkeit $v = u_t$, siehe (2.3) und (2.4). Angesichts (2.5) können wir uns wieder auf Satz 2.3 stützen.

Im Fall $\ell = \infty$ sind nach (2.22) rechtslaufende Wellen möglich, von der Gestalt $p(t, x) = \kappa f(ct - x)$, $v(t, x) = cf(ct - x)$ mit $c = \sqrt{\kappa/\rho}$. Der Quotient $p(t, x)/v(t, x)$ ist konstant und ergibt sich als

$$Z_0 = \frac{\kappa}{c} = \sqrt{\kappa\rho} = \rho c,$$

eine reellwertige, allein materialabhängige Größe. Diese *charakteristische Impedanz* der Saite dient wieder als Referenzgröße. Für eine Saite endlicher Länge ℓ steht sie in direktem Zusammenhang mit der Frequenz $\omega_0/2\pi$ der Grundschwingung bei beiderseits fest fixierten Saitenenden. Nach Proposition 2.2 (i) werden dann die Schwingungen durch 2ℓ-periodische Funktionen beschrieben. Laufen die Wellen mit der Geschwindigkeit c, so hat die Periode die Dauer $T = 2\ell/c$, und die Grundfrequenz bestimmt sich als $\omega_0/2\pi = 1/T = c/2\ell$. Zusammen mit $Z_0 = \rho c$ folgt

$$Z_0 = \frac{\mu\omega_0}{\pi} \tag{5.2}$$

mit $\mu = \rho\ell$, der Gesamtmasse der Saite.

Um im Fall $\ell < \infty$ nun auch dem Fall beweglicher Saitenenden zu behandeln, klären wir, wie die Paare $p(t,0)$, $v(t,0)$ und $p(t,\ell)$, $v(t,\ell)$ zueinander in Beziehung stehen. Nach (2.5) sind p und v miteinander durch die Gleichungen $p_t = -\kappa v_x$, $p_x = -\rho v_t$ verknüpft. Satz 2.3 gibt die allgemeine Lösung dieses Systems an. An der Stelle $x = 0$ gehen wir von zwei harmonischen Schwingungen

$$p(t,0) = Pe^{i\omega t}, \quad v(t,0) = Ve^{i\omega t} \tag{5.3}$$

aus, mit komplexen Amplituden P, V, die auch eine Phasenverschiebung ermöglichen. Mit den Funktionen $f: (-\ell, \infty) \to \mathbb{R}$ und $g: (0, \infty) \to \mathbb{R}$ aus (2.22) folgt für $t > 0$

$$Pe^{i\omega t} = \kappa f(ct) + \kappa g(ct), \quad Ve^{i\omega t} = cf(ct) - cg(ct),$$

bzw. für $x > 0$ mit der Wellenzahl $k = \omega/c$

$$f(x) = \frac{cP + \kappa V}{2\kappa c}e^{ikx}, \quad g(x) = \frac{cP - \kappa V}{2\kappa c}e^{ikx}.$$

Mit Satz 2.3 ergibt sich für $t > \ell/c$ (nach dem Einschwingen)

$$p(t,x) = e^{i\omega t}\left(\frac{cP + \kappa V}{2c}e^{-ikx} + \frac{cP - \kappa V}{2c}e^{ikx}\right),$$
$$v(t,x) = e^{i\omega t}\left(\frac{\kappa V + cP}{2\kappa}e^{-ikx} + \frac{\kappa V - cP}{2\kappa}e^{ikx}\right),$$

oder nach ein paar Umformungen

$$p(t,x) = e^{i\omega t}\left(P\cos kx - iZ_0 V\sin kx\right),$$
$$v(t,x) = e^{i\omega t}\left(V\cos kx - \frac{iP}{Z_0}\sin kx\right). \tag{5.4}$$

Analog lassen sich die Schwingungen am linken Ende durch die rechten ausdrücken.

Freie Schwingungen Wir betrachten eine Saite, die bei $x = 0$ fixiert und bei $x = \ell$ von einer Stütze der Impedanz $Z_S = R + iX$ getragen ist. (Denkt man an ein Saiteninstrument, so ist Z_S die sich am Steg einstellende Eingangsimpedanz des gesamten Resonanzkörpers.) Welche freien harmonischen Schwingungen der Frequenz $\omega/2\pi$ sind möglich? Am linken Ende haben wir $v(t, 0) = 0$ und daher nach (5.3) $V = 0$. Am rechten Ende ist die Gleichung $p(t, \ell)/v(t, \ell) = Z_S$ zu erfüllen, die aufgrund von (5.4) in die Bedingung

$$Z_0 \cot k\ell = -i Z_S \tag{5.5}$$

übergeht, oder auch mittels $\ell = \pi c/\omega_0$ und $k = \omega/c$ in die Gleichung

$$Z_0 \cot \frac{\pi \omega}{\omega_0} = -i Z_S. \tag{5.6}$$

Mit $\cot x = \cos x / \sin x = i(e^{ix} + e^{-ix})/(e^{ix} - e^{-ix})$ lässt sie sich zu

$$e^{2\pi i \omega/\omega_0} = \frac{Z_S - Z_0}{Z_S + Z_0}$$

umformen. Nur im Fall $Z_S = Z_0$ hat diese Gleichung keine Lösung ω. Dann verhält sich die Stütze wie die unendlich verlängerte Saite, bei der sich einsichtigerweise in keinem endlichen Abschnitt eine resonante Schwingung aufbauen kann.

Für $Z_S \neq Z_0$ ergeben sich Lösungen $\omega = \sigma + i\delta$ von der Gestalt

$$\sigma = n\omega_0 + \frac{\omega_0}{2\pi} \arg \frac{Z_S - Z_0}{Z_S + Z_0} , \quad \delta = \frac{\omega_0}{2\pi} \log \left| \frac{Z_S + Z_0}{Z_S - Z_0} \right|$$

mit ganzzahligem n. Für $R = 0$ folgt $\delta = 0$, und für $R > 0$ hat man $\delta > 0$, also gedämpfte Schwingungen. Falls L_S massedominiert ist, also $X > 0$ gilt, ist die Grundfrequenz ($n = 1$) der schwingenden Saite erhöht gegenüber dem Fall, dass die Saite rechts fest fixiert ist. Wie in Abb. 5.6 dargestellt, läuft dies auf eine Verkürzung der Saite hinaus. Im steifedominierten Fall kehren sich die Verhältnisse um. Auch die Harmonizität der Obertöne wird gestört, wie man der Formel für σ entnimmt.

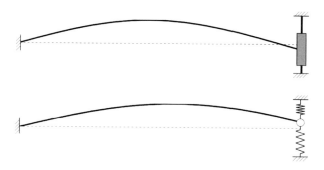

Abb. 5.6 Wirkung verschiedener Stegtypen

Streichinstrumente und der Wolfton Wir berücksichtigen nun auch eine Abhängigkeit der Impedanz Z_S von ω. Man modelliert sie nach Art eines harmonischen Oszillators. Wie wir erläutert haben, erfasst man damit in erster Näherung das Verhalten bei Streichinstrumenten am Steg, zumindest über einen begrenzten Frequenzbereich. Der Einfachheit halber sei hier die Resistanz $R = 0$, also

$$Z_S = i(M\omega - K\omega^{-1}) = i\sqrt{KM}\left(\frac{\omega}{\omega_S} - \frac{\omega_S}{\omega}\right)$$

mit der zugehörigen Resonanzfrequenz $\omega_S/2\pi$. Dann geht (5.6) in die Gleichung

$$\zeta\cot\frac{\pi\omega}{\omega_0} = \frac{\omega}{\omega_S} - \frac{\omega_S}{\omega} \quad \text{mit} \quad \zeta := \frac{Z_0}{\sqrt{KM}}$$

über, die sich nun, aufgrund der Annahme $R = 0$, in den reellen Zahlen lösen lässt. Die Gleichung legt die für eine Resonanz der Saite möglichen Werte von ω implizit fest. Graphisch erhält man die Lösungen als Schnittpunkte zweier Kurven, wie in Abb. 5.7 dargestellt.

Der Parameter ζ stellt die Beziehung zwischen der Saite und dem harmonischem Oszillator her, er ist die charakteristische Impedanz der Saite, relativ aus Sicht des Oszillators. Für Streichinstrumente ist ζ typischerweise klein (die Saite viel „weicher" als der Korpus am Steg). Wie aus der Illustration ersichtlich hat man dann Resonanzen mit Werten ω, die nahe bei ω_S sowie $\omega_0, 2\omega_0, 3\omega_0 \dots$ liegen. Offenbar stehen sie in Beziehung zu der Resonanz des harmonischen Oszillators sowie den Resonanzen einer Saite, deren beider Enden fixiert sind. Die Obertöne haben nun zueinander Verhältnisse, die nicht mehr genau, aber doch fast harmonisch sind.

Die zusätzlich Resonanz bei ω_S ist aus Sicht der Streichinstrumente überflüssig und kann sich störend bemerkbar machen. Das gilt insbesondere, falls ω_S nahe bei ω_0 liegt und ζ ausreichend klein ist. Wie man aus der nächsten Illustration abliest, haben die beiden unteren Resonanzen dann nah benachbarte, aber verschiedene Frequenzen, die auch im Fall $\omega_S = \omega_0$ (wie in Abb. 5.8) nicht miteinander verschmelzen. (Das ist typisch für gekoppelte Schwingungen, siehe Aufgabe 2.) Dies kann zu unschön flackernden Schwebungen führen. Bei Streichinstrumenten (insbesondere beim Cello) betrifft das die erste Holzresonanz und den Ton der entsprechenden Frequenz. Man schilt ihn den *Wolfton*.

Abb. 5.7 Resonanzfrequenzen
von Streichinstrumenten

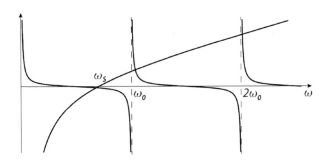

Abb. 5.8 Wolfton

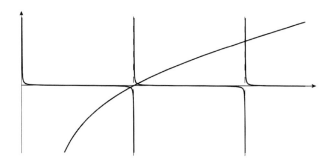

Streichinstrumente nach Schelleng Wir wechseln nun ein wenig die Perspektive und fragen bei einer schwingenden Saite der Länge $\ell < \infty$ nach der Eingangsimpedanz Z links an der Stelle $x = 0$ bei vorgegebener Impedanz Z_S rechts bei $x = \ell$. Dazu setzen wir in (5.3) $P = Z$ und $V = 1$. Am rechten Saitenende müssen sich die Schwingungen nun an das Verhalten am Steg anpassen, d. h. es gilt $p(t, \ell) = Z_S v(t, \ell)$. Dies ist nach (5.4) eine lineare Gleichung für Z, aus der sich die Eingangsimpedanz nach ein paar Umformungen als

$$Z = Z_0 \frac{Z_S + i Z_0 \tan k\ell}{Z_0 + i Z_S \tan k\ell}$$

ermittelt. Nur der Fall einer bei ℓ fest fixierten Saite ist nicht abgedeckt (formal ist dann $Z_S = \infty$). Hier gilt $v(t, \ell) = 0$, woraus sich die Eingangsimpedanz sofort als

$$Z = -i Z_0 \cot k\ell$$

bestimmt.

Die beiden Formeln nutzen wir nun für ein vertieftes Verständnis von Geige und Cello. Die Stelle, an der die Eingangsimpedanz der Geige als Ganzes zu ermitteln ist, ist nicht der Steg, denn auch die schwingende Saite muss miteinbezogen werden. Nach Schelleng (1963) handelt es sich vielmehr um die Impedanz an der Stelle, an welcher der Bogen die Saiten streicht. Hier ist die Saite in zwei Teile der Längen ℓ_1 und ℓ_2 untergliedert. Der längere Abschnitt endet an einem Finger oder am Sattel. Dort ist er fest fixiert, daher ist seine Impedanz beim Bogen, wie eben berechnet,

$$Z_1 = -i Z_0 \cot k\ell_1.$$

Der kürzere Abschnitt endet am Steg, den wir wieder als harmonischen Oszillator mit Impedanz

$$Z_S = R + i(M\omega - K\omega^{-1}) = \sqrt{KM}\left(\frac{1}{Q} + i\left(\frac{\omega}{\omega_S} - \frac{\omega_S}{\omega}\right)\right)$$

modellieren, wobei wir nun realistischer eine positive Resistanz R bzw. einen positiven Gütefaktor Q zugrunde legen. Die Impedanz dieses kürzeren Abschnitts am Bogen ist

$$Z_2 = Z_0 \frac{Z_S + i Z_0 \tan k\ell_2}{Z_0 + i Z_S \tan k\ell_2}.$$

Die Geschwindigkeit v am Bogen ist für die beiden Saitenteile gleich, die benötigte Gesamtkraft, um beide Abschnitte zum Schwingen zu bringen, setzt sich also additiv aus den beiden Teilkräften zusammen. Daher addieren sich die beiden Impedanzen zu der dem Bogen dargebotenen Eingangsimpedanz

$$Z_B = Z_1 + Z_2.$$

Wir schreiben diesen Ausdruck als Funktion der Wellenzahl k,

$$Z_B = Z_0 \left(-i \cot k\ell_1 + \frac{z + i\zeta \tan k\ell_2}{\zeta + iz \tan k\ell_2} \right)$$

mit der relativen charakteristischen Impedanz $\zeta = Z_0/\sqrt{KM}$, mit der normierten Impedanz des harmonischen Oszillators

$$z = \frac{1}{Q} + i \left(\frac{k}{k_S} - \frac{k_S}{k} \right)$$

und mit $k_S = \omega_S/c$. (Mit $\ell_2 = 0$ und $Q = \infty$ sind wir zurück im vorigen Beispiel.)

Mit diesem Modell wird nun auch eine quantitative Analyse des Wolftons möglich. Wie vorhin dargelegt ist mit ihm zu rechnen, wenn ω_S approximativ gleich ω_0 ist. Jedoch tritt er nicht bei jedem Streichinstrument zutage. Abb. 5.9 zeigt in zwei Beispielen den Verlauf von $|U|$ der Auslenkung $u(t, \ell_1) = U e^{i\omega t}$ der Saite am Bogen und darunter die zugehörige Phasenverschiebung von u gegenüber der Krafteinwirkung p als Funktion von ω/ω_0. Die Wahl der Parameter ist $\ell_1 = 4 \cdot \ell_2$, $\omega_S = 0,99 \cdot \omega_0$ und $Q = 17,5$, sowie links $\zeta = 1/250$ und rechts $\zeta = 1/100$. Dies entspricht Werten, wie man sie bei der Geige bzw. beim Cello vorfindet. Die Graphik lässt für die Geige eine mäßige, für das Cello aber eine deutliche Tendenz zu Schwebungen – also ein Wolfton-Problem – erkennen, wie dies auch der Wirklichkeit entspricht. Umfangreichere quantitative Untersuchungen des Wolftons im Schellengmodell sind analytisch mühsam, numerisch aber ohne weiteres durchführbar. Genaueres, insbesondere ein Wolfton-Kriterium, findet sich in Schellengs Veröffentlichung.

5.4 Gekoppelte Saiten

Beim Klavier und Flügel sind die Saiten in Gleichklanggruppen angeordnet, in Paaren oder Tripeln, die gemeinsam von einem Hammer angeschlagen werden. Dies prägt den Klang, wie wir noch genauer darlegen werden.

Wir betrachten eine Gruppe von m Saiten der Längen $\ell_1, \ldots, \ell_m$, der Grundfrequenzen $\omega_1/2\pi, \ldots, \omega_m/2\pi$ und der charakteristischen Impedanzen $Z_1, \ldots, Z_m$. Ein Ende aller

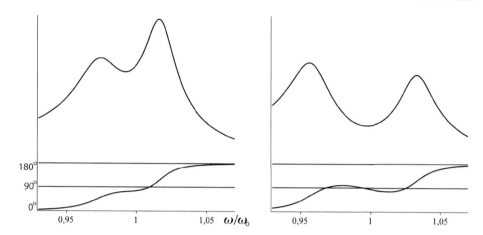

Abb. 5.9 Wolftontendenz bei Geige und Cello

Saiten sei fixiert und das andere Ende gemeinsam an einem Steg befestigt. Welche gemeinsamen freien harmonischen Schwingungen im Rhythmus $e^{i\omega t}$ sind möglich? Links ruhen
die Saiten und am Steg bewegen sie sich mit gemeinsamer Geschwindigkeit $v(t)$, für die
Geschwindigkeiten $v_1(t, x), \ldots, v_m(t, x)$ der m Saiten gilt also für alle $t \geq 0$

$$v_1(t, 0) = \cdots = v_m(t, 0) = 0 , \quad v_1(t, \ell_1) = \cdots = v_m(t, \ell_m) = v(t).$$

Zur Auswertung dieser Kopplungsbedingung adaptieren wir die Notation aus (5.3) und
unterscheiden zwei Fälle.

Erstens: Es verschwindet $v(t)$ für alle $t \geq 0$. Wegen $V_1 = \cdots = V_m = 0$ folgt dann aus
(5.4)

$$P_1 \sin k_1 \ell_1 = \cdots = P_m \sin k_m \ell_m = 0$$

mit $k_j = \omega/c_j$, oder wegen $\ell_j/c_j = \pi/\omega_j$

$$P_1 \sin \frac{\pi \omega}{\omega_1} = \cdots = P_m \sin \frac{\pi \omega}{\omega_m} = 0.$$

Es müssen also diejenigen ω_j übereinstimmen, für die $P_j \neq 0$ ist, wir bezeichnen den
gemeinsamen Wert als ω_0. (Mit Obertönen ergeben sich noch weitere Möglichkeiten, die
wir hier aber außer acht lassen.) Außerdem impliziert das Verschwinden von v, dass die
Saiten insgesamt keinen Kraft auf den Steg ausüben. Da wir für $P_j \neq 0$ nun $\sin \frac{\pi \omega}{\omega_0} = 0$
bzw. $\cos \frac{\pi \omega}{\omega_0} = \pm 1$ haben, bedeutet dies nach (5.4)

$$P_1 + \cdots + P_m = 0.$$

Insgesamt tritt dieser Fall ein, wenn die schwingenden Saiten eine gemeinsame Grundfrequenz ω_0 besitzen und sich ihre Kraftwirkungen auf den Steg aufheben, während die
restlichen Saiten ruhen. Es folgt $\omega = \omega_0$, es ergibt sich also eine ungedämpfte Schwingung.

Zweitens: v verschwindet nicht identisch. Nach (5.4) nehmen dann die $P_j \sin \frac{\pi\omega}{\omega_j}$ denselben Wert ungleich 0 an, ohne Einschränkung der Allgemeinheit den Wert 1, und es folgt für $j = 1, \ldots, m$

$$P_j = \frac{1}{\sin \frac{\pi\omega}{\omega_j}}. \tag{5.7}$$

Nun müssen wir auch die Eingangsimpedanz Z_S am Steg miteinbeziehen. Da die Geschwindigkeiten der Saiten am Steg alle mit der Geschwindigkeit $v(t)$ des Stegs selbst übereinstimmen und die Kräfte sich addieren, addieren sich auch alle Impedanzen auf zur Impedanz des gesamten Systems

$$Z = \frac{p_1(t, \ell_1)}{v_1(t, \ell_1)} + \cdots + \frac{p_m(t, \ell_m)}{v_m(t, \ell_m)} - Z_S.$$

(das Minuszeichen, weil es um die Kraft geht, die der Steg beiträgt, und nicht um eine Kraft, die gegen den Steg aufzubringen wäre). Die Bedingung für eine freie Schwingung lautet $Z = 0$ und also nach (5.4)

$$Z_1 \cot k_1\ell_1 + \cdots + Z_m \cot k_m\ell_m = -iZ_S$$

bzw. für ω die Bedingung

$$Z_1 \cot \frac{\pi\omega}{\omega_1} + \cdots + Z_m \cot \frac{\pi\omega}{\omega_m} = -iZ_S. \tag{5.8}$$

Beispiel
Gleiche Saiten: Der Fall, dass die m Saiten alle dieselbe Grundfrequenz $\omega_0/2\pi$ und dieselbe charakteristische Impedanz Z_0 haben, gestaltet sich so: Entweder es gilt $P_1 + \cdots + P_m = 0$. Die Saiten schwingen dann ungedämpft mit Frequenz $\omega_0/2\pi$. Oder aber es gilt nach (5.7) $P_1 = \cdots = P_m$. Dann ergibt sich für ω die Forderung

$$mZ_0 \cot \frac{\pi\omega}{\omega_0} = -iZ_S.$$

Hier schwingen die Saiten im Gleichtakt, gleichsinnig, sodass man sie als eine einzige Saite der m-fachen Masse auffassen kann, in Einklang mit der Formel (5.6). Wie wir dort festgestellt haben, kann man die Gleichung für $mZ_0 \neq Z_S$ explizit auflösen.

Beispiel
Klavier: Im Fall $m = 2$ eines gleichgestimmten Saitenpaares sind freie harmonische Schwingungen nach unseren Überlegungen also entweder gedämpft, gleichsinnig ($P_1 = P_2$) oder ungedämpft, gegensinnig ($P_1 = -P_2$). Beim Klavier entsteht beim Anschlag der Saiten durch den Hammer hauptsächlich eine gleichsinnige Schwingung, die schnell verklingt. Jedoch wird sich, etwa durch Unregelmäßigkeiten im Material, auch eine leichte gegensinnige Schwingung beimischen, die anfangs kaum beiträgt. Sie ist in Wirklichkeit zwar nicht ungedämpft, sondern nur leicht gedämpft, überdauert aber

schließlich die gleichsinnige Schwingung. Infolgedessen zerfällt der Klang in den Sofortklang und nach ein paar Sekunden in den Nachklang, je nachdem, welcher Anteil der Schwingung dominiert. (Streng mathematisch lassen sich die beiden Moden nicht überlagern, da sich ihre Stegbewegungen unterscheiden.)

Experimentell ist diese Besonderheit von Sofort- und Nachklang gut bestätigt, sie trägt entscheidend zum charakteristischen Klang von Klavier und Flügel bei. Analoges gilt für Saitentripel. Übrigens lässt sich das Phänomen auch für eine einzelne Saite beobachten, hier geht es um Schwingungen in Richtung oder senkrecht zum Hammerschlag. Für Details siehe den Artikel von Weinreich in „Die Physik der Musikinstrumente" und Giordanos Buch „Physics of the piano".

Ein verstimmtes Saitenpaar Wie Weinberg (1977) berichtet, werden die Saiten einer Gleichklanggruppe von erfahrenen Klavierstimmern gerne in den Frequenzen leicht unterschiedlich eingestellt, offenbar zum Vorteil des Höreindrucks. Wie wirkt sich das auf Sofort- und Nachklang aus?

Wir betrachten ein Saitenpaar mit den Kreisfrequenzen

$$\omega_1, \omega_2 = (1 \pm \varepsilon)\omega_0$$

mit $\omega_0 > 0, 0 < \varepsilon < 1$. Nach (5.2) gilt auch $Z_{1,2} = (1 \pm \varepsilon)Z_0$, und (5.8) ergibt für ω die Gleichung

$$(1+\varepsilon)\cot\frac{\pi\omega}{\omega_1} + (1-\varepsilon)\cot\frac{\pi\omega}{\omega_2} = -\frac{i}{\pi\eta} \quad \text{mit } \eta := \frac{Z_0}{\pi Z_S}, \tag{5.9}$$

mit der Impedanz Z_0 einer Vergleichssaite der Grundfrequenz $\omega_0/2\pi$. Diese Gleichung lässt sich nicht mehr explizit auflösen, nicht einmal die Existenz von Lösungen in den komplexen Zahlen lässt sich ohne weiteres gewährleisten. Zur Orientierung blicken wir auf eine vereinfachte, approximative Version. Generell denken wir an Situationen, wo ε sehr klein und $|Z_S|$ viel größer als Z_0 ist (also der Steg viel steifer als die Saiten). Zur Lösung der Gleichung werden deswegen große Werte der Cotangensfunktion benötigt, sodass wir in die Nähe von Polstellen des Cotangens rücken. Nun ist $\cot x$ in der Nähe von $x = \pi$ gut durch $1/(x-\pi)$ approximiert, wir nutzen also die Näherungen

$$(1\pm\varepsilon)\cot\frac{\pi\omega}{\omega_{1,2}} \approx \frac{1\pm\varepsilon}{\frac{\pi\omega}{\omega_{1,2}}-\pi} = \frac{(1\pm\varepsilon)^2}{\pi(\frac{\omega}{\omega_0}-1\mp\varepsilon)} \approx \frac{1}{\pi(\frac{\omega}{\omega_0}-1\mp\varepsilon)}.$$

So entsteht die Näherungsgleichung

$$\frac{1}{\frac{\omega}{\omega_0}-1-\varepsilon} + \frac{1}{\frac{\omega}{\omega_0}-1+\varepsilon} = -\frac{i}{\eta}, \tag{5.10}$$

die man sofort als quadratische Gleichung in der Variablen ω erkennt. Ihre beiden Lösungen ω_+, ω_- sind

$$\frac{\omega_{\pm}}{\omega_0} = 1 + i\eta \pm \sqrt{\varepsilon^2 - \eta^2}. \tag{5.11}$$

Beispiel

Reactive Impedanz: Im rein imaginären Fall $Z_S = iX$ sind mit $i\eta$ auch ω_+, ω_- reellwertig, und es gilt

$$\frac{\omega_{\pm}}{\omega_0} = 1 + i\eta \pm \sqrt{\varepsilon^2 + |\eta|^2}.$$

Wir erhalten zwei ungedämpfte Schwingungsmoden, deren Frequenzdifferenz mit wachsendem ε ansteigt.

Beispiel

Resistive Impedanz: Im reellwertigen Fall $Z_S = R > 0$ ist η positiv. Hier kommt es zu einer überraschenden Umkehrung: Solange $\varepsilon < \eta$ gilt, behalten beide Schwingungen die Kreisfrequenz ω_0 und sind gedämpft mit unterschiedlichen Abklingraten $\omega_0(\eta \pm \sqrt{\eta^2 - \varepsilon^2})$. Dagegen haben für $\varepsilon > \eta$ beide Moden die Abklingrate $\eta\omega_0$ bei nun unterschiedlichen Kreisfrequenzen $\omega_0(1 \pm \sqrt{\varepsilon^2 - \eta^2})$. – Das Schema Sofort- und Nachklang bleibt also bei kleiner Verstimmung ε erhalten, wobei sich die Abklingraten mit wachsendem ε annähern. Klavierstimmern verspricht dies eine gewisse Flexibilität, auch wenn die Annahme, dass Z_S rein resistiv ist, in der Realität nicht völlig Bestand haben wird.

▶ **Bemerkung** Die Näherung (5.11) bestätigt Resultate von Weinreich (1977), der aber die schwingenden Saiten nicht direkt untersuchte, sondern sein Resultat anhand eines approximativen Ersatzmodells aus gekoppelten harmonischen Oszillatoren erzielte. Für eine detaillierte Darstellung samt einer mehr intuitiven Behandlung des resistiven Falls verweisen wir auf Weinreich (1998).

Dass die Näherungen ω_+, ω_- im resistiven Fall wirklich ein brauchbares Bild abgeben, kann man sich durch numerisches Lösen der Ausgangsgleichung (5.9) überzeugen. Tatsächlich finden sich für kleine Werte η, ε zwei Lösungen ω' und ω'' in der Nähe von ω_0. Abb. 5.10 zeigt Ergebnisse einer numerischen Studie, bei der von links nach rechts zu den Werten $\eta = 10^{-1}$, 10^{-2} und 10^{-3} die Werte der Real- und Imaginärteile von ω' und ω'' in Abhängigkeit von ε dargestellt sind. Grau unterlegt enthalten die Graphiken die Werte ω_+ und ω_-, ebenfalls als Funktionen von ε. Für $\eta = 10^{-3}$ sind ω', ω'' von ω_+, ω_- kaum mehr zu unterscheiden. Aus Daten von Weinreich (1977) erkennt man, dass bei einem Flügel für η ein Wert der Größenordnung 10^{-3} realistisch ist.

Aber auch mathematisch lässt sich die Existenz von Nullstellen der Gl. (5.9) nachweisen. Die folgende Proposition bestätigt das soeben beobachtete Konvergenzverhalten über den rein resistiven Fall hinaus. Der Beweis beruht auf einem fortgeschrittenen Resultat der Funktionentheorie.

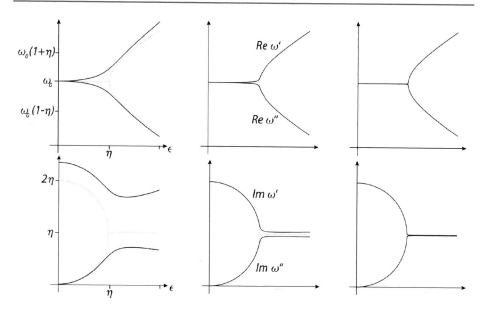

Abb. 5.10 Nullstellen

Proposition 5.1 *Sei v eine komplexe Zahl ungleich 0 und sei*

$$v_+, v_- := iv \pm \sqrt{1 - v^2}.$$

Dann gibt es ein $\varepsilon_0 > 0$ und für alle $0 < \varepsilon < \varepsilon_0$ komplexe Zahlen $v'(\varepsilon)$ und $v''(\varepsilon)$, sodass die Zahlen

$$\omega' = \omega_0(1 + \varepsilon v'(\varepsilon)), \quad \omega'' = \omega_0(1 + \varepsilon v''(\varepsilon))$$

$i = 1, 2$, für alle $0 < \varepsilon < \varepsilon_0$ die Gl.(5.9) mit $\eta = \varepsilon v$ lösen. Zudem gilt

$$v'(\varepsilon) \to v_+, \quad v''(\varepsilon) \to v_-$$

für $\varepsilon \to 0$.

Beweis Für $z \in \mathbb{C}$ sei

$$f_\varepsilon(z) := \varepsilon \pi \Big[(1 + \varepsilon) \cot \frac{\pi(1 + \varepsilon z)}{1 + \varepsilon} + (1 - \varepsilon) \cot \frac{\pi(1 + \varepsilon z)}{1 - \varepsilon} \Big] + \frac{i}{v}.$$

Ist eine Polstelle der Cotangensfunktion involviert, so setzen wir (wie in der Funktionen-theorie üblich) $f_\varepsilon(z) = \infty$. Es ist z genau dann eine Nullstelle der Funktion f_ε, wenn $\omega := \omega_0(1 + \varepsilon z)$ die Gl.(5.9) mit $\eta = \varepsilon v$ löst.

Für den Grenzübergang $\varepsilon \to 0$ nutzen wir, dass $\cot u - (u - \pi)^{-1}$ für $u \to \pi$ in den komplexen Zahlen gegen 0 konvergiert (siehe Aufgabe 5). Eine kleine Rechnung zeigt, dass damit für alle $z \in \mathbb{C}$, $z \neq \pm 1$

$$f_\varepsilon(z) \to f(z)\,, \quad \text{mit } f(z) = \frac{1}{z-1} + \frac{1}{z+1} + \frac{i}{\nu}$$

und zwar gleichmäßig auf allen kompakten Teilmengen von $\mathbb{C} \setminus \{1, -1\}$. Dies gilt insbesondere für abgeschlossene δ-Umgebungen U_δ', U_δ'' um die beiden Nullstellen ν_+, ν_- von f (die für $\nu = \pm 1$ zusammenfallen).

Falls δ ausreichend klein ist, enthalten diese Umgebungen keine weiteren Nullstellen und auch nicht die Polstellen ± 1 von f. Man kann also hoffen, dass aufgrund der gleichmäßigen Konvergenz von f_ε gegen f auch die f_ε für ausreichend kleines ε Nullstellen $\nu'(\varepsilon)$, $\nu''(\varepsilon)$ in U_δ' und U_δ'' besitzt. Für beliebige stetige Funktionen ist dies sicher nicht richtig, nach einem Satz von Hurwitz jedoch für komplex differenzierbare (holomorphe) Funktionen (siehe J. B. Conway, Functions of one complex variable, 2. Auflage). Diese Eigenschaft ist für f_ε und f auf den betrachteten Umgebungen erfüllt, womit der erste Teil der Proposition bewiesen ist. Da zudem aufgrund des Satzes von Hurwitz mit ν_+ und ν_- auch $\nu'(\varepsilon)$ und $\nu''(\varepsilon)$ eindeutige einfache Nullstellen sind und wir δ beliebig klein wählen können, folgt auch die Konvergenzaussage der Proposition. $\square$

Ein verstimmtes Saitentripel Auch im Fall $m = 3$ eines Saitentripels hat man eine vereinfachende Näherungsgleichung. Ihre Lösung führt auf die Nullstellen eines Polynom nun dritten Grades, was den Sachverhalt unübersichtlich gestaltet. Wir wollen hier nur noch der Frage nachgehen, ob sich im resistiven Fall $Z_S = R$ bei leicht verstimmten Saiten das für Saitenpaare festgestellte Phänomen reproduziert, ob also die Näherungsgleichung uns nun drei Schwingungsmoden derselben Frequenz liefern kann, bei unterschiedlichen Dämpfungsraten. Wir zeigen, dass die Antwort „Nein" lautet (was die Aussagekraft unserer Überlegungen zu Saitenpaaren ein wenig mindert).

Die Näherungsgleichung hat hier analog zu (5.10) die Gestalt

$$\frac{1}{\omega - \omega_1} + \frac{1}{\omega - \omega_2} + \frac{1}{\omega - \omega_3} = -\frac{i}{\alpha}$$

mit den Grundkreisfrequenzen ω_1, ω_2 und ω_3, wobei in α verschiedene Konstanten zusammengefasst sind. Im resistiven Fall gilt $\alpha > 0$. Gefragt ist, ob es dann ein ω_0 geben kann, sodass für alle drei Lösungen ω unserer Gleichung der Realteil von ω gleich ω_0 ist, beziehungsweise der Ausdruck $i(\omega - \omega_0)$ reellwertig. Dazu gehen wir zu vorgegebenem ω_0 zur Variablen

$$y := i(\omega - \omega_0) + \alpha$$

über, und damit zur Gleichung

$$\frac{1}{y - i\delta_1 - \alpha} + \frac{1}{y - i\delta_2 - \alpha} + \frac{1}{y - i\delta_3 - \alpha} + \frac{1}{\alpha} = 0$$

mit $\delta_j := \omega_j - \omega_0$, $j = 1, 2, 3$. Ausmultiplizieren ergibt

$$y^3 - i(\delta_1 + \delta_2 + \delta_3)y^2 - (3\alpha^2 + \delta_1\delta_2 + \delta_1\delta_3 + \delta_2\delta_3)y$$
$$+ 2\alpha^3 + i(\alpha^2(\delta_1 + \delta_2 + \delta_3) + \delta_1\delta_2\delta_3) = 0.$$

Nun kann dieses Polynom höchstens dann drei reelle Nullstellen haben, wenn seine Koeffizienten alle reell sind. Dies macht die Bedingungen $\delta_1 + \delta_2 + \delta_3 = 0$ und $\delta_1\delta_2\delta_3 = 0$ erforderlich. Wir können deswegen ohne Einschränkung der Allgemeinheit annehmen, dass $\delta_1 = 0$ und $\delta_2 = -\delta_3 =: \delta$ gilt. Unsere Gleichung schrumpft damit zu

$$y^3 + (\delta^2 - 3\alpha^2)y + 2\alpha^3 = 0.$$

Die Lösungen dieser Gleichung sind für $\delta \neq 0$ jedoch nicht alle reell, wie sich aus der folgenden Proposition ergibt.

Proposition 5.2 *Nullstellen eines Polynom $f(y) := y^3 + py + q$ mit reellen Koeffizienten p, q sind genau dann alle reellwertig, wenn*

$$A := \left(\frac{p}{3}\right)^3 + \left(\frac{q}{2}\right)^2 \leq 0$$

gilt.

Beweis Wir geben zwei Beweise, einen anschaulichen und einen stärker algebraischen. Beide beruhen auf einer gemeinsamen Formel.

Seien y_1 und y_2 die Nullstellen der Ableitung $f'(y) = 3y^2 + p$ von f, also

$$y_{1,2} = \pm\sqrt{-\frac{p}{3}}.$$

Dann gilt

$$f(y_{1,2}) = \mp\frac{p}{3}\sqrt{-\frac{p}{3}} \pm p\sqrt{-\frac{p}{3}} + q = q \pm \frac{2p}{3}\sqrt{-\frac{p}{3}}$$

und folglich

$$f(y_1)f(y_2) = q^2 + \frac{4}{27}p^3.$$

Beim ersten Beweis führen wir eine Fallunterscheidung durch. Der Fall $p \geq 0$ lässt sich direkt abhandeln: Ist $p > 0$, so ist f strikt monoton wachsend und hat deswegen eine einzige

Nullstelle, die zudem einfach ist, außerdem gilt dann $A > 0$. Ähnlich ist der Fall $p = 0$, $q \neq 0$ gelagert. Gilt $p = q = 0$, so hat f in 0 eine dreifache Nullstelle, und A ist gleich 0.

Sei also $p < 0$. Dann sind y_1 und y_2 reellwertig, dort hat f ein lokales Minimum bzw. Maximum. Die Anzahl der Nullstellen von f hängt nun offenbar davon ab, ob $f(y_1)$ und $f(y_2)$ beide dasselbe oder aber unterschiedliche Vorzeichen haben, ob also $A = f(y_1)f(y_2)/4$ positiv oder negativ ist, oder auch verschwindet. Die Einzelheiten lassen sich schnell abklären. Dies beendet den ersten Beweis.

Für den zweiten Beweis stellen wir den Ausdruck $f(y_1)f(y_2)$ in einer bemerkenswerten Rechnung noch auf andere Weise dar. Seien x_1, x_2 und x_3 die Nullstellen von f. Dann gilt bekanntlich $f(x) = (x - x_1)(x - x_2)(x - x_3)$ und folglich

$$f(y_1)f(y_2) = \prod_{j=1}^{2}\prod_{k=1}^{3}(y_j - x_k) = (-1)^6 \prod_{k=1}^{3}\prod_{j=1}^{2}(x_k - y_j).$$

Mittels $f'(y) = 3(y - y_1)(y - y_2)$ folgt

$$f(y_1)f(y_2) = \frac{1}{27} f'(x_1)f'(x_2)f'(x_3).$$

Auch gilt $f'(x) = (x - x_1)(x - x_2) + (x - x_1)(x - x_3) + (x - x_2)(x - x_3)$ und folglich

$$f(y_1)f(y_2) = \frac{1}{27} \prod_{k=1}^{3}\prod_{l \neq k}(x_k - x_l)$$

oder

$$27 f(y_1)f(y_2) = -(x_1 - x_2)^2(x_1 - x_3)^2(x_2 - x_3)^2.$$

Zusammen mit unserer obigen Formel erhalten wir abschließend

$$(x_1 - x_2)^2(x_1 - x_3)^2(x_2 - x_3)^2 = -27q^2 - 4p^3 = -108 \cdot A.$$

Sind nun alle x_j reellwertig, so ist das linksseitige Produkt nichtnegativ. Andernfalls ist das Produkt strikt negativ: Seien etwa x_1 reell, x_2 komplex und x_3 die konjugiert Komplexe von x_2. Dann ist $(x_1 - x_2)(x_1 - x_3) = |x_1 - x_2|^2 > 0$, sowie $(x_2 - x_3)$ rein imaginär und damit $(x_2 - x_3)^2 < 0$. Das beendet den Beweis. □

Das Produkt $(x_1 - x_2)^2(x_1 - x_3)^2(x_2 - x_3)^2$ heißt die *Diskriminante* von f. Sie lässt sich für beliebige Polynome dritten und auch höheren Grades einführen und ist für deren Untersuchung eine wichtige Hilfsgröße.

Abb. 5.11 Kolbenmembran

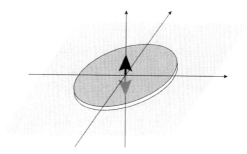

5.5   Die Impedanz einer Kolbenmembran

Das folgende Resultat über die Impedanz einer Kolbenmembran betrifft offenbar Lautsprecher, aber auch schwingende Luftsäulen etwa in einem Blasinstrument, wie wir im folgenden Abschnitt besprechen werden. Gleichzeitig gewinnen wir einen neuen Einblick in die Natur von Schallimpedanzen.

Wir betrachten einen kreisrunden Kolben, der in eine unendliche Ebene (Schallwand) eingebettet ist (Abb. 5.11). Wir wählen kartesische Koordinaten x, y, z so, dass diese Ebene durch die Gleichungen $z = 0$ gegeben ist. Der Kolben schwingt in z-Richtung (senkrecht zur Ebene), dabei erzeugt er Schallwellen. Die Schallwand bewirkt, dass Vorder- und Rückseite des Kolbens voneinander getrennt sind und also zwischen den beiden Seiten kein Druckausgleich möglich ist. Die Druckwellen, die der Kolben ausstrahlt, wirken auf den Kolben zurück. In dieser Rückkopplung entsteht eine Kraftwirkung auf den Kolben, die wir in diesem Abschnitt berechnen wollen. (Wir nehmen den Kolben als masselos an, sodass wir keine Trägheitskräfte zu berücksichtigen brauchen.)

Sei K die kreisförmige Kolbenfläche und $x' = (x', y', 0) \in K$. Wir nehmen an, dass der Kolben harmonisch mit der Frequenz $\omega/2\pi$ schwingt. Dann geht von x' aus eine sphärische Druckwelle in den Halbraum $H = \{(x, y, z) : z \geq 0\}$ hinein, deren Wert an der Stelle $x \in H$ zur Zeit $t \geq 0$ wir mit $p(t, x, x')$ bezeichnen. Gemäß Satz 2.5 setzen wir ihn als

$$p(t, x, x') = \kappa \frac{f(ct - r)}{r} = \kappa \frac{e^{i\omega t - ikr}}{r}$$

an, dabei ist $r = r(x, x') = |x - x'|$ der Abstand von x zum Zentrum x' der Druckwelle. Bei x' kommt es dann gemäß (2.31) zu einer Massenfluss mit der Rate

$$\mu(t) = 2\pi \rho c \, F(ct) = 2\pi \rho c \, \frac{e^{i\omega t}}{ik},$$

hier mit 2π statt 4π, da wir es mit Massenbewegungen durch Halbsphären zu tun haben. Diesen Fluss muss der schwingende Kolben erzeugen. Deswegen folgern wir, dass durch

$$V(t) = 2\pi c \frac{e^{i\omega t}}{ik}$$

gerade die Geschwindigkeit der Kolbenschwingungen angegeben ist.

Wenn nun auch $\boldsymbol{x} = (x, y, 0)$ ein Element von K ist, so übt der Schalldruck $p(t, \boldsymbol{x}, \boldsymbol{x}')$ eine Kraft auf den Kolben aus. Ihre Phasendifferenz relativ zur Bewegung des Kolbens hängt (abgesehen von t) von dem Abstand $r = |\boldsymbol{x} - \boldsymbol{x}'|$ ab, was sich beschleunigend oder bremsend auswirken kann. Daraus resultiert zur Zeit t am Kolben eine Gesamtkraft $G(t)$, die sich durch Integration ermittelt, erstens über alle Stellen $\boldsymbol{x}$, an denen die Kraftwirkung auftritt, und zweitens über alle Zentren $\boldsymbol{x}'$, von denen Druckwellen ausgehen. Dies ergibt dann den gemittelten Druck $P(t) = G(t)/\pi a^2$ auf den Kolben, das vierfache Integral

$$P(t) = \frac{1}{\pi a^2} \iiiint\limits_{|\boldsymbol{x}|, |\boldsymbol{x}'| \leq a} p(t, \boldsymbol{x}, \boldsymbol{x}') \, dx \, dy \, dx' dy'$$

$$= \frac{\kappa}{\pi a^2} e^{i\omega t} \iiiint\limits_{|\boldsymbol{x}|, |\boldsymbol{x}'| \leq a} \frac{e^{-ik|\boldsymbol{x}-\boldsymbol{x}'|}}{|\boldsymbol{x} - \boldsymbol{x}'|} \, dx \, dy \, dx' dy'.$$

Für die Impedanz am Kolben folgt

$$Z_{\text{Kolben}} = \frac{P(t)}{V(t)} = Z_0 \frac{ik}{2\pi^2 a^2} \iiiint\limits_{|\boldsymbol{x}|, |\boldsymbol{x}'| \leq a} \frac{e^{-ik|\boldsymbol{x}-\boldsymbol{x}'|}}{|\boldsymbol{x} - \boldsymbol{x}'|} \, dx \, dy \, dx' dy', \qquad (5.12)$$

wieder mit $Z_0 = \kappa/c$.

Es bleibt, das Integral auszuwerten. Man nennt es ein *Rayleigh-Integral*, denn seine ganz bemerkenswerte Bestimmung geht auf Rayleigh (1896) zurück.

Satz 5.3. *Es gilt*

$$Z_{\text{Kolben}} = Z_0 \left(1 + \frac{2i}{\pi ka} - \frac{1}{\pi ka} \int_0^\pi e^{i\varphi - 2ika \sin\varphi} \, d\varphi \right).$$

Beweis Vorab beweisen wir die Formel

$$\frac{d}{dz} \left(z \int_0^\pi e^{-iz \sin\varphi} \sin\varphi \, d\varphi \right) = 2 - iz \int_0^\pi e^{-iz \sin\varphi} \, d\varphi. \qquad (5.13)$$

Sie ergibt sich aus folgender Rechnung mit einer partiellen Integration:

$$\frac{d}{dz}\left(z\int_0^\pi e^{-iz\sin\varphi}\sin\varphi\,d\varphi\right)$$

$$= \int_0^\pi e^{-iz\sin\varphi}\sin\varphi\,d\varphi + z\int_0^\pi e^{-iz\sin\varphi}(-i)\sin^2\varphi\,d\varphi$$

$$= 2 - iz\int_0^\pi e^{-iz\sin\varphi}\cos^2\varphi\,d\varphi - iz\int_0^\pi e^{iz\sin\varphi}\sin^2\varphi\,d\varphi.$$

Nun kommen wir zur Bestimmung des Ausdrucks

$$A := \iiiint\limits_{|x|,|x'|\le a} \frac{e^{-ik|x-x'|}}{|x-x'|}\,dx\,dy\,dx'dy'.$$

Es gilt aufgrund von Symmetrie (und da der Anteil mit $|x| = |x'| \le a$ nichts beiträgt)

$$A = 2\iiiint\limits_{|x|\le|x'|\le a} \frac{e^{-ik|x-x'|}}{|x-x'|}\,dx\,dy\,dx'dy'.$$

Wir bestimmen zunächst das innere Doppelintegral, das aufgrund von Drehsymmetrie nur von $|x'|$ abhängt. Sei o. E. d. A. $x' = (0, -u, 0)$ mit $0 < u \le a$. Wir integrieren in der x-y-Ebene über alle (x, y) mit $x^2 + y^2 \le u^2$. Dazu gehen wir zu Polarkoordinaten (r, φ) über mit Zentrum im Punkt $(0, -u)$ (Abb. 5.12). Es folgt mit $r(x, y) = \sqrt{x^2 + (y + u)^2}$ und $S_u = \{(x, y) : x^2 + y^2 \le u^2\}$ wegen der Substitutionsregel $dx\,dy = r\,d\varphi\,dr$

$$\iint\limits_{|x|\le u} \frac{e^{-ik|x-x'|}}{|x-x'|}\,dx\,dy = \iint\limits_{S_u} \frac{e^{-ikr(x,y)}}{r(x,y)}\,dx\,dy = \iint\limits_{S_u} \frac{e^{-ikr}}{r}\,r\,d\varphi\,dr.$$

Aus der Graphik erkennt man, dass S_u gerade aus den Punkten (φ, r) besteht mit $0 \le \varphi \le \pi$ und $0 \le r \le 2u\sin\varphi$. Daher folgt

$$\iint\limits_{|x|\le u} \frac{e^{-ik|x-x'|}}{|x-x'|}\,dx\,dy = \int_0^\pi\int_0^{2u\sin\varphi} e^{-ikr}\,dr\,d\varphi = \int_0^\pi \frac{e^{-ik2u\sin\varphi} - 1}{-ik}\,d\varphi.$$

Aufgrund von Drehsymmetrie gilt diese Formel für alle x' mit $|x'| = u$, deshalb folgt für unser ursprüngliches Integral

$$A = 2\iint\limits_{|x'|\le a}\int_0^\pi \frac{e^{-2ik|x'|\sin\varphi} - 1}{-ik}\,d\varphi\,dx'\,dy'.$$

Wir gehen ein weiteres Mal zu Polarkoordinaten (r', φ') über, diesmal in der x'-y'-Ebene mit dem Ursprung des Koordinatensystems als Zentrum und erhalten

Abb. 5.12 neue Koordinaten

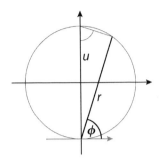

$$A = \frac{2i}{k} \int_0^{2\pi} \int_0^a \int_0^\pi (e^{-2ikr'\sin\varphi} - 1)r'\,d\varphi\,dr'\,d\varphi'$$

$$= \frac{\pi}{k^3} \int_0^{2ka} iz \int_0^\pi e^{-iz\sin\varphi}\,d\varphi\,dz - i\frac{2\pi^2 a^2}{k}.$$

Nun bringen wir (5.13) ins Spiel. Wir erhalten

$$A = -i\frac{2\pi^2 a^2}{k} + \frac{\pi}{k^3} \int_0^{2ka} \left(2 - \frac{d}{dz}\left(z \int_0^\pi e^{-iz\sin\varphi}\sin\varphi\,d\varphi\right)\right)dz$$

$$= -i\frac{2\pi^2 a^2}{k} + \frac{4\pi a}{k^2} - \frac{\pi}{k^3}2ka\int_0^\pi e^{-2ika\sin\varphi}\sin\varphi\,d\varphi.$$

Eingesetzt in (5.12) erhalten wir

$$Z_{\text{Kolben}} = Z_0\left(1 + \frac{2i}{\pi ka} - \frac{i}{\pi ka}\int_0^\pi e^{-2ika\sin\varphi}\sin\varphi\,d\varphi\right).$$

Beachtet man schließlich noch, dass das Integral verschwindet, wenn man $\sin\varphi\,d\varphi$ durch $\cos\varphi\,d\varphi$ ersetzt, so folgt die Behauptung des Satzes.   □

Die Erörterung des schwingenden Kolbens ohne Schallwand ist mathematisch fordernd. Eine exakte Analyse gelang H. Levine und J. Schwinger (1948). Ihr Resultat bestätigt weitgehend das Ergebnis aus Satz 5.3.

5.6   Schwingende Luftsäulen in Röhren

Die Anwendung des Resultats aus dem vorigen Abschnitts auf Lautsprecher ist naheliegend. Es bewährt sich aber auch für die Beschreibung der Schwingungen von Luftsäulen in einer zylindrischen Röhre an einem offenen Ende. Man stellt sich vor, dass die Säule ein schwingendes, planes Ende besitzt, dass man sich also zwischen der Säule und dem Außenraum eine flache, feine, gewichtslose Membran denken kann, die an den Schwingungen teilnimmt.

Daher benutzt man unsere Formel für die Impedanz Z_{Kolben} auch für die Impedanz Z_{offen} am offenen Ende der Röhre. Die angesprochene Arbeit von Levine und Schwinger belegt, dass es dabei auf die Annahme einer Schallwand nicht so sehr ankommt.

Üblicherweise spaltet man die Impedanz in Real- und Imaginärteil und schreibt

$$Z_{\text{offen}} = Z_0 \left(1 - \frac{1}{ka} J_1(2ka) + \frac{i}{ka} H_1(2ka) \right). \tag{5.14}$$

Dabei erweist sich

$$J_1(z) = \frac{1}{\pi} \int_0^\pi \cos(z \sin \varphi - \varphi) \, d\varphi$$

als die uns wohlbekannte Besselfunktion der Ordnung 1. Die Gefährtin

$$H_1(z) = \frac{2}{\pi} + \frac{1}{\pi} \int_0^\pi \sin(z \sin \varphi - \varphi) \, d\varphi$$

ist die *Struvefunktion* der Ordnung 1. Es gilt $1 - 2J_1(z)/z > 0$ und $H_1(z) > 0$ für $z > 0$ (siehe Aufgaben). Real- und Imaginärteil von Z_{offen} sind also wie zu erwarten positiv.

Analog zu den Kugelwellen lassen sich nun in Abhängigkeit von a Bereiche $ka \ll 1$ niedriger Frequenz und $ka \gg 1$ hoher Frequenz unterscheiden. Im Fall niedriger Frequenzen approximieren wir die Funktion

$$\xi(z) = \int_0^\pi e^{i\varphi - iz \sin \varphi} \, d\varphi$$

um 0 mit einem Taylorpolynom. Die $n$te Ableitung berechnet sich als $\xi^{(n)}(z) = \int_0^\pi e^{i\varphi - iz \sin \varphi} (-i \sin \varphi)^n \, d\varphi$, also

$$\xi^{(n)}(0) = (-i)^n \int_0^\pi e^{i\varphi} \sin^n \varphi \, d\varphi = (-i)^{n-1} \int_0^\pi \sin^{n+1} \varphi \, d\varphi.$$

Für die Berechnung dieser Sinusintegrale verweisen wir auf die Aufgaben. Es ergibt sich die Taylorapproximation

$$\xi(z) = 2i + \frac{\pi}{2} z - \frac{2i}{3} z^2 - \frac{\pi}{16} z^3 + O(z^4)$$

und

$$1 + \frac{2i}{\pi z} - \frac{1}{\pi z} \xi(2z) = \frac{8i}{3\pi} z + \frac{1}{2} z^2 + O(z^3)$$

für $z \to 0$. Mit Satz 5.3 erhalten wir die Niederfrequenzapproximation

$$Z_{\text{offen}} = Z_0 \left(\frac{1}{2} (ka)^2 + \frac{8i}{3\pi} ka \right) + O((ka)^3) \tag{5.15}$$

für $ka \to 0$. Die Reaktanz ist für kleine Frequenzen dominant, wie wir das auch von Kugelwellen kennen, siehe (5.1).

Für hohe Frequenzen können wir die Asymptotik (4.14) heranziehen. Zusammen mit Satz 5.3 folgt für $ka \to \infty$

$$Z_{\text{offen}} = Z_0\left(1 + \frac{2i}{\pi ka} - \sqrt{\frac{2}{\pi(ka)^3}}\, e^{i\left(\frac{3}{4}\pi - ka\right)}\right) + O((ka)^{-2}).$$

Bei hohen Frequenzen nähert sich die Impedanz der Trägerimpedanz Z_0. Das ist leicht zu verstehen: Dann ist die Wellenlänge $\lambda = 2\pi/k$ klein gegenüber dem Radius a, sodass auf die Kolbenmembran unterschiedlich gerichtete Drücke wirken, die sich untereinander fast vollständig aufheben. Für niedrige Frequenzen ist λ dagegen groß gegenüber a, dann muss die Membran gegen die eigenen Druckwellen arbeiten. Das bedeutet viel Blindarbeit bei geringer Leistung. Lautsprecher werden deswegen so gestaltet, dass dieser Bereich vermieden wird. Tieftöner werden groß dimensioniert, Hochtöner klein.

Die Endkorrektur für offene Röhren Unsere Resultate erlauben nun eine genauere Behandlung der Eigenschwingungen in einer zylindrischen Röhre, als das uns in Abschn. 3.4 möglich war. Dort hatten wir für offene Enden der Röhre verschwindenden Schalldruck angenommen, also verschwindende Impedanz. Unsere Resultate zeigen, dass diese Annahme nur bei $ka \ll 1$ taugt (so für Blasinstrumente), und dann auch nur als erste grobe Approximation.

Wir konzentrieren uns auf den Fall einer zylindrischen Röhre mit geschlossenem linken und offenem rechten Ende. Eine entsprechende Situation für eine schwingende Saite haben wir bereits behandelt, siehe den Abschnitt bei Gl. (5.5). Dort war das linke Saitenende fixiert und hatte demnach die Geschwindigkeit 0, analog hat die Schallschnelle am geschlossenen Röhrenende den Wert 0. Deswegen können wir die Formel (5.5) für die Frequenzen der Eigenschwingungen übertragen, sie lautet nun

$$Z_0 \cot k\ell = -i Z_{\text{offen}}.$$

Der wesentliche Unterschied zur schwingenden Seite besteht darin, dass dort die Impedanz Z_S am Steg sehr viel größer als Z_0 angenommen war, während nun Z_{offen} bei $ak \ll 1$ sehr viel kleiner als Z_0 ausfällt. Die Lösungen der Gleichung sind deswegen nahe bei den Nullstellen der Cotangensfunktion zu suchen.

Indem wir also Z_{offen} gemäß (5.15) in erster Näherung durch $8i Z_0 ka/3\pi$ ersetzen (der Realteil ist von kleinerer, vernachlässigbarer Größenordnung), erhalten wir in einem ersten Schritt approximativ die Formel

$$Z_0 \cot k\ell = Z_0 \frac{8}{3\pi} ka,$$

und, da der Cotangens an seinen Nullstellen die Ableitung -1 hat, in einer zweiten Näherung die Gleichung

$$Z_0 \cot k\left(\ell + \frac{8a}{3\pi}\right) = 0.$$

Diese Gleichung lässt sich nun als Bedingung für die Eigenschwingungen einer idealen Röhre auffassen (ideal in dem Sinne, dass ihre Impedanz am offenen Ende verschwindet), deren Länge jedoch zu

$$\ell' = \ell + \Delta\ell \text{ mit } \Delta\ell := \frac{8a}{3\pi} \approx 0{,}85a \qquad (5.16)$$

gestreckt ist.

Diese Formel ist Rayleighs berühmte Endkorrektur der Länge von zylindrischen Röhren an offenen Enden. Sie wird auch in anderem Zusammenhang benutzt, eine physikalisches Plausibilitätsargument sieht so aus: Die außerhalb der Röhre schwingende Masse wird durch die Verlängerung mit in die Röhre aufgenommen. Dort muss also zusätzliche Fluidmasse der Größe $M = \rho S \Delta\ell$ bewegt werden, dabei bezeichnet S die Querschnittsfläche. Bei einem harmonischen Oszillator schlägt sich dies bei einer Frequenz von $\omega/2\pi$ in der Impedanz

$$i\omega M = ikc\rho S\Delta\ell = ikZ_0 S\Delta\ell$$

nieder. Die treibende Kraft ist hier die an der Stelle ℓ wirksame Druckkraft pS. Bezogen auf den Schalldruck p als Schubvariable hat die Impedanz daher den Wert $ikZ_0\Delta\ell$. Übereinstimmung mit dem obigen Impedanzwert $8iZ_0ka/3\pi$ ergibt sich also bei der Wahl $\Delta\ell = 8a/3\pi$.

Levine und Schwinger (1948) haben die Endkorrektur für den Fall berechnet, dass das Röhrenende nicht in eine Schallwand eingebettet ist. Hier hat man

$$\Delta\ell = 0{,}61a.$$

5.7 Hörner

Damit eine kreisrunde Lautsprechermembran wirksam Schall abgibt, muss ihr Radius a ausreichend groß sein. Entscheidend ist, welche Frequenz $f = \omega/2\pi$ abgestrahlt werden soll, denn a sollte, wie im letzten Abschnitt gesehen, deutlich größer sein als der Kehrwert von $k = \omega/c$. Ein numerisches Beispiel: Für $f = 440$ Hz und bei einer Schallgeschwindigkeit von 340 m/sec bestimmt sich k als etwa $8\,m^{-1}$, also sollte a deutlich 12 cm übertreffen.

Probleme treten auf, wenn ein Lautsprecher einen größeren Bereich von Frequenzen effizient und ausgewogen abstrahlen soll. Für die tiefen Frequenzen ist ein großer Durchmesser geboten. Bei hohen Frequenzen ist das aber gar nicht erforderlich, und die Membran wird sich dann rein mechanisch nur schlecht und ineffizient zum Schwingen bringen lassen. Einen Ausweg aus diesem Dilemma ermöglichen *Hörner*. Damit bezeichnet man Schallkanäle, die den Schall von einer kleinen Eintrittsfläche (dem „Hals" des Hornes) hin zu einer großen Austrittsfläche (dem „Mund" des Hornes) überführen. Viele Lautsprecher funktionieren nach diesem Prinzip.

Geometrisch ist ein Horn ein sich weitender, nicht unbedingt kegelförmiger Trichter der Länge ℓ. Die Flächen der Querschnitte bezeichnen wir wieder mit $S(x)$, $0 \le x \le \ell$. Die Druckschwankungen im Inneren genau zu erfassen, gelingt nur ausnahmsweise. Daher macht man die vereinfachende Annahme, dass sich auf jedem Querschnitt an der Stelle x Schalldruck und Schallschnelle feste, allein von x und der Zeit t abhängige Werte $p(t, x)$ und $v(t, x)$ annehmen. Auch wenn dieser Ansatz nur für einige wenige Hörner (wie dem zylindrischen Horn) überzeugt, erlaubt er über diese Einzelfälle hinaus Einblicke in das Verhalten von Hörnern.

Unter dieser Annahme können wir auf unsere Überlegungen aus Kap. 2 zurückgreifen und aus (2.6) und (2.8) das Gleichungspaar

$$Sp_t = -\kappa (Sv)_x \,, \quad p_x = -\rho v_t \tag{5.17}$$

übernehmen. Nach Proposition 2.3 gibt es ein Potential, eine C^2-Funktion ϕ mit

$$\phi_t = p \,, \quad \phi_x = -\rho v.$$

Es folgt

$$S\phi_{tt} = Sp_t = -\kappa (Sv)_x = \frac{\kappa}{\rho}(S\phi_x)_x$$

oder auch, wieder mit $c^2 = \kappa/\rho$,

$$\phi_{tt} = \frac{c^2}{S}(S\phi_x)_x = c^2(\phi_{xx} + (\log S)_x \phi_x). \tag{5.18}$$

Diese (schon von Daniel Bernoulli und Euler betrachtete) Differentialgleichung heißt in der Akustik *Webstergleichung*. Äquivalent ist die Gleichung

$$(\sqrt{S}\phi)_{tt} = c^2\Big((\sqrt{S}\phi)_{xx} - \frac{(\sqrt{S})_{xx}}{\sqrt{S}}(\sqrt{S}\phi)\Big) \tag{5.19}$$

für den Ausdruck $\sqrt{S}\phi$ (siehe Aufgaben).

▶ **Bemerkung: Dualität nach Pyle** Auch der Schalldruck p erfüllt die Webstergleichung, wie man sich durch Ableiten der Gleichung nach t schnell überzeugt. Für die Schallschnelle v funktioniert dies jedoch nicht. Hier hilft eine Dualitätsbetrachtung weiter. Dazu schreiben wir die Gl. (5.17) um zu

$$S^{-1}U_t = -\rho^{-1}(S^{-1}F)_x \,, \quad U_x = -\kappa^{-1}F_t$$

in den Größen $U = Sv$ und $F = Sp$, dem Schallfluss durch die Querschnitte, und der Druckkraft auf die Querschnitte. Im Vergleich zu (5.17) treten nun U und F an die Stelle von p und v, außerdem wird S durch S^{-1} ersetzt, und die Konstanten ρ und κ durch κ^{-1}

und ρ^{-1}. Die Konstante c behält ihren Wert, und es existiert ein Potential fl mit $fl_t = U$, $fl_x = -\kappa^{-1}F$.

Deswegen erfüllt Sv zusammen mit Φ eine Webstergleichung, in der wir nur S durch S^{-1} zu ersetzen haben. Das durch die Querschnittsflächen S^{-1} gegebene Horn heißt dual zum vorgegebenen Horn.

Auch wenn die Webstergleichung die Realität nur grob erfasst, hat sie sich als Grundlage für die Untersuchung der Schallübertragung in Hörnern bewährt. (Für genauere Untersuchungen arbeitet man auch mit der realistischeren Annahme, dass Schalldruck und Schallschnelle feste Werte auf angepassten Kugelkappen haben und die $S(x)$ dann die Flächen dieser Kugelkappen angeben.)

Von vornehmlichem Interesse ist die Eingangsimpedanz Z_{in} am Hals eines Horns. Erwünscht ist, dass sie über einen weiten Frequenzbereich kaum variiert, um eine verzerrungsfreie Übertragung (etwa des Verhältnisses von Teiltönen eines Tones zueinander) zu ermöglichen. Stehende Wellen wie in einem Musikinstrument wären da nur hinderlich, deswegen unterscheiden sich Hörner in ihrer Funktion grundlegend von Instrumenten.

Wir betrachten also harmonische Oszillationen der Gestalt

$$\phi(t, x) = e^{i\omega t}\psi(x).$$

Dann gehen die Formeln (5.18) und (5.19) in die Gleichungen

$$\psi'' + (\log S)'\psi' + k^2\psi = 0 \tag{5.20}$$

und

$$(\sqrt{S}\psi)'' + \left(k^2 - \frac{(\sqrt{S})''}{\sqrt{S}}\right)(\sqrt{S}\psi) = 0 \tag{5.21}$$

über, mit $k = \omega/c$. Es handelt sich nun um gewöhnliche Differentialgleichungen der Ordnung 2 vom Typ *Sturm-Liouville*. (Einen Spezialfall, die Besselsche Differentialgleichung, haben wir bereits kennengelernt.)

Die Impedanz $Z(x) = p(t, x)/v(t, x)$ an der Stelle x des Horns ergibt sich aus $p(t, x) = \phi_t(t, x) = i\omega e^{i\omega t}\psi(x)$ und $v(t, x) = -\phi_x(t, x)/\rho = -e^{i\omega t}\psi'(x)/\rho$ als

$$Z(x) = -i\omega\rho\frac{\psi(x)}{\psi'(x)} = -ikZ_0\frac{\psi(x)}{\psi'(x)}. \tag{5.22}$$

Die Eingangsimpedanz $Z_{\text{in}} = Z(0)$ hängt von zwei Gegebenheiten ab, der Geometrie des Horns und seiner Ausgangsimpedanz $Z_{\text{out}} = Z(\ell)$ am Mund. Letztere Größe kann man zunächst ausschalten, indem man das Horn bei unendlicher Länge anschaut. Zum Oszillationsverhalten von Lösungen ψ der allgemeinen Webstergleichung auf einem unendlichen Intervall verweisen wir auf Aufgabe 10.

Exponentialhorn und konisches Horn Für ein *Exponentialhorn* gilt

$$S(x) = S(0)e^{mx} , \quad x \geq 0,$$

mit $m > 0$. Es ist theoretisch wichtig, aber auch für die Praxis von Interesse. Die Webster-gleichung (5.21) lautet hier

$$(\sqrt{S}\psi)'' + \left(k^2 - \frac{m^2}{4}\right)(\sqrt{S}\psi) = 0.$$

Wir erhalten zwei Lösungen $\sqrt{S}\psi_\pm(x) = \exp(\mp\sqrt{m^2/4 - k^2}\,x)$ und

$$\phi_\pm(t, x) = e^{i\omega t} \exp\left(-\left(\frac{m}{2} \pm \sqrt{\frac{m^2}{4} - k^2}\right)x\right).$$

Ihr Verhalten ist wesentlich davon diktiert, ob k größer oder kleiner als $m/2$ bzw. ob ω größer oder kleiner als ω_{gr} ist, mit

$$\omega_{gr} := \frac{mc}{2}.$$

Den Ausdruck $\omega_{gr}/2\pi$ nennt man die *Grenzfrequenz*.

Im Fall $\omega > \omega_{gr}$ schreiben wir die beiden Lösungen als

$$\phi_\pm(t, x) = e^{-mx/2}e^{i(\omega t \mp k_\omega x)} , \quad \text{mit } k_\omega := \frac{\omega}{c_\omega} \text{ und } c_\omega := \frac{c}{\sqrt{1 - (\omega_{gr}/\omega)^2}}$$

und erkennen ϕ_+ und ϕ_- als die Potentiale einer rechts bzw. linkslaufenden Welle im Horn. Der Vorfaktor $e^{-mx/2}$ ist bei kreisrunden Querschnitten durch das Horn proportional zu deren Radien und entspricht dem Faktor $1/r$, wie wir ihn bei Kugelwellen festgestellt haben. Der Faktor $e^{i(\omega t \mp k_\omega x)}$ ergibt eine räumliche Wellenbewegung, nun aber dispersiv, d. h. mit einer von ω abhängigen Wellenzahl k_ω und Wellengeschwindigkeit c_ω. Diese ist größer also die Wellengeschwindigkeit $c = \sqrt{\rho/\kappa}$ im Medium. Da die Dichte ρ unverändert bleibt, mag man darin ein Wachsen des Kompressionsmoduls κ erkennen, also eine gestiegene Inkompressibilität, wie wir sie in anderer Gestalt bei Kugelwellen konstatiert haben. Die Impedanz einer auslaufenden Welle mit Schalldruck p_+ und Schallschnelle v_+ bestimmt sich als

$$Z(x) = -ikZ_0 \frac{\psi_+(x)}{\psi'_+(x)} = -ikZ_0 \frac{1}{-m/2 - i\sqrt{k^2 - m^2/4}}$$

und umgeformt als

$$Z(x) = Z_0\left(\sqrt{1 - \frac{\omega_{gr}^2}{\omega^2}} + i\frac{\omega_{gr}}{\omega}\right).$$

Die Impedanz ist von x unabhängig und insbesondere gleich der Eingangsimpedanz $Z_{in} = Z(0)$. Für große ω nähert sie sich Z_0, ihr reaktiver Anteil schwindet.

Im Fall $\omega < \omega_{\text{gr}}$ fehlt dagegen eine räumliche Wellenbewegung. Die Impedanz $Z(x)$ ist imaginär, das System schwingt rein reaktiv, ohne am Hals des Horns Leistung aufzunehmen. Daher liefert ein Exponentialhorn nur oberhalb der Grenzfrequenz brauchbare Ergebnisse.

Zum Vergleich betrachten wir ein *konisches Horn* mit

$$S(x) = S(0) \frac{(x + x_0)^2}{x_0^2}$$

mit $x_0 > 0$. Lösungen der Webstergleichung (5.19) sind uns schon von den Kugelwellen her bekannt, mit $\psi_\pm(x) = (x + x_0)^{-1} e^{\mp ikx}$ und

$$\phi_\pm(t, x) = \frac{1}{x + x_0} e^{i(\omega t \mp kx)}.$$

Auch die Eingangsimpedanz der auslaufenden Welle ϕ_+ kennen wir von früher:

$$Z(x) = Z_0 \frac{ik(x + x_0)}{1 + ik(x + x_0)}$$

und

$$Z_{\text{in}} = Z_0 \frac{ix_0}{\frac{c}{\omega} + ix_0}.$$

Das konische Horn hat keine Grenzfrequenz, ab der die Eingangsimpedanz rein imaginär wäre.

Endliche Hörner Für Hörner endlicher Länge ℓ kommt zusätzlich die Ausgangsimpedanz Z_{out} am Mund des Horns zum Tragen. Die Aufgabe besteht nun darin, die Lösung $\phi(t, x) = e^{i\omega t} \psi(x)$ der Webstergleichung zu bestimmen, die die vorgegebene Ausgangsimpedanz hat, und für ϕ dann die Eingangsimpedanz zu ermitteln. Dazu untersuchen wir die Abhängigkeit des Paares $(\psi(0), \psi'(0))$ von $(\psi(\ell), \psi'(\ell))$.

Zunächst stellen wir fest, dass mit $(\psi(\ell), \psi'(\ell)) \mapsto (\psi(0), \psi'(0))$ eine wohldefinierte lineare Abbildung des $\mathbb{R}^2$ (bzw. des $\mathbb{C}^2$) auf sich selbst gegeben ist. Offenbar erfüllt nämlich auch die Funktion $\chi(x) := \psi(\ell - x)$ eine lineare Differentialgleichung zweiter Ordnung. Sie ist für beliebige Anfangswerte $\chi(0)$, $\chi'(0)$ eindeutig lösbar, und aufgrund der Linearität der Differentialgleichung ist auch die Zuordnung $(\chi(0), \chi'(0)) \mapsto (\chi(\ell), \chi'(\ell))$ linear. Es gibt also reelle (von ω abhängige) Zahlen A, B, C, D, sodass für beliebige Lösungen ψ der Gl. (5.20) bzw. (5.21)

$$\begin{pmatrix} \psi(0) \\ \psi'(0) \end{pmatrix} = \begin{pmatrix} A & B \\ C & D \end{pmatrix} \begin{pmatrix} \psi(\ell) \\ \psi'(\ell) \end{pmatrix} \tag{5.23}$$

gilt. Die Matrix nennt man *Transfermatrix* oder auch *ABCD-Matrix*. Es folgt die Gleichung

$$\frac{\psi(0)}{\psi'(0)} = \frac{A\dfrac{\psi(\ell)}{\psi'(\ell)} + B}{C\dfrac{\psi(\ell)}{\psi'(\ell)} + D}, \tag{5.24}$$

die sich unter Benutzung von (5.22) in

$$Z_{\text{in}} = kZ_0 \frac{AZ_{\text{out}} - ikBZ_0}{iCZ_{\text{out}} + kDZ_0}$$

überführen lässt. Die Ausgangsimpedanz Z_{out} eines Horns mit runden Querschnitten wählt man üblicherweise als die Impedanz einer offenen Röhre in einer Schallwand gemäß Formel (5.14), wobei a den Radius des Hornmundes bezeichnet. Allgemein gesprochen ist die Resistanz am Mund positiv, falls dies für die Resistanz am Hals gilt (Aufgabe 12).

Es bleibt, die Einträge der $ABCD$-Matrix zu berechnen. Dazu benutzen wir die aus der Theorie gewöhnlicher Differentialgleichungen bekannte Tatsache, dass sich jede Lösung ψ von (5.20) als Linearkombination

$$\psi = a\psi_1 + b\psi_2$$

zweier linear unabhängiger Lösungen ψ_1 und ψ_2 schreiben lässt. Wir erweitern diese Gleichung zu

$$\begin{pmatrix} \psi(x) \\ \psi'(x) \end{pmatrix} = \begin{pmatrix} \psi_1(x) & \psi_2(x) \\ \psi_1'(x) & \psi_2'(x) \end{pmatrix} \begin{pmatrix} a \\ b \end{pmatrix}. \tag{5.25}$$

Die Determinante $W(x) = \psi_1(x)\psi_2'(x) - \psi_2(x)\psi_1'(x)$ der Matrix heißt *Wronski-Determinante*. Sie ist für alle x ungleich 0, denn andernfalls hätte man $\psi_2(x) = c\psi_1(x)$ und $\psi_2'(x) = c\psi_1'(x)$ für ein x und eine Konstante $c \neq 0$, und nach dem Eindeutigkeitssatz für gewöhnliche Differentialgleichungen zweiter Ordnung wäre ψ_2 ein Vielfaches von ψ_1. (Zur Berechnung der Wronski-Determinanten siehe Aufgabe 11.)

Damit können wir zur Matrixinversen

$$\begin{pmatrix} \psi_1(x) & \psi_2(x) \\ \psi_1'(x) & \psi_2'(x) \end{pmatrix}^{-1} = \frac{1}{W(x)} \begin{pmatrix} \psi_2'(x) & -\psi_2(x) \\ -\psi_1'(x) & \psi_1(x) \end{pmatrix}$$

und der Gleichung

$$\begin{pmatrix} a \\ b \end{pmatrix} = \begin{pmatrix} \psi_1(x) & \psi_2(x) \\ \psi_1'(x) & \psi_2'(x) \end{pmatrix}^{-1} \begin{pmatrix} \psi(x) \\ \psi'(x) \end{pmatrix}$$

übergehen. Ausgewertet an der Stelle $x = \ell$ und eingesetzt in (5.25) erhalten wir

$$\begin{pmatrix} \psi(x) \\ \psi'(x) \end{pmatrix} = \begin{pmatrix} \psi_1(x) & \psi_2(x) \\ \psi_1'(x) & \psi_2'(x) \end{pmatrix} \begin{pmatrix} \psi_1(\ell) & \psi_2(\ell) \\ \psi_1'(\ell) & \psi_2'(\ell) \end{pmatrix}^{-1} \begin{pmatrix} \psi(\ell) \\ \psi'(\ell) \end{pmatrix}$$

und speziell

$$\begin{pmatrix} A & B \\ C & D \end{pmatrix} = \frac{1}{W(\ell)} \begin{pmatrix} \psi_1(0) & \psi_2(0) \\ \psi_1'(0) & \psi_2'(0) \end{pmatrix} \begin{pmatrix} \psi_2'(\ell) & -\psi_2(\ell) \\ -\psi_1'(\ell) & \psi_1(\ell) \end{pmatrix}.$$

Damit lässt sich für einigen Fällen die Eingangsimpedanz von Hörnern behandeln, so für Besselhörner mit $S(x) = A(x + x_0)^{-\gamma}$, $\gamma > 0$, und für die Familie von Salmonhörnern mit $\sqrt{S(x)} = Ae^{mx/2} + Be^{-mx/2}$. Für analytische Zwecke ist die Formel (5.22) unhandlich, aber anhand graphischer Darstellungen erlaubt sie grundsätzliche Einblicke in das Verhalten von Hörnern endlicher Länge. Bei Exponentialhörnern oder konische Hörnern können wir für ψ_1 und ψ_2 die oben bestimmten aus- und einlaufenden Wellen ψ_+ und ψ_- heranziehen. Dabei kommt man beim Anpassen an die Impedanz Z_{out} nicht mit der auslaufenden Welle allein aus, d. h. am Hornmund wird die auslaufende Welle teils reflektiert. Abb. 5.13 zeigt die Real- (schwarz) und Imaginärteile (rot) der Eingangsimpedanzen in Abhängigkeit von der Frequenz $\omega/2\pi$ für ein Exponentialhorn und ein konisches Horn derselben Länge und denselben Querschnittsflächen am Hornhals und -mund. Sie sind so dimensioniert, dass das zugehörige unendliche Exponentialhorn eine Grenzfrequenz von 100 Hz hat. Weiter ist $S(\ell)/S(0) = 20$ und $ak_{gr} = 0,5$ für die Wellenzahl $k_{gr} = \omega_{gr}/c$ und den Radius a der Mundfläche.

Auch wenn endliche Hörner für alle Frequenzen strikt positive Eingangsresistanzen haben, und damit keine positive Grenzfrequenz aufweisen, erkennt man, dass diese Resistanz beim endlichen Exponentialhorn unterhalb von 100 Hz praktisch verschwindet. Die Grenzfrequenz des unendlichen Exponentialhorn gibt also einen treffenden Einblick. Die ausgeprägten Schwankungen der Impedanz oberhalb von 100 Hz haben dagegen im unendlichen Fall keine Entsprechung. Erst ab höheren Frequenzen stabilisiert sich die Eingangsimpedanz bei Z_0 und wird für die Zwecke eines Horns brauchbar. Für das konische Horn beobachtet man ein ähnliches Verhalten, jedoch ist deutlich sichtbar, dass sich die Impedanz langsamer dem Wert Z_0 nähert. Dies ist ein Nachteil von konischen Hörnern gegenüber Exponentialhörnern. Generell lassen sich Exponentialhörner – bei gleicher Dimensionie-

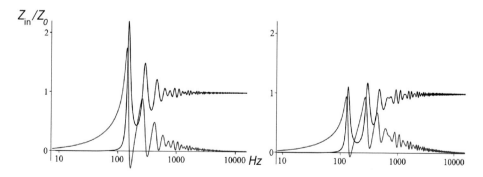

Abb. 5.13 Inputimpedanz des Exponential- und des konischen Horns

rung von Hals und Mund – schon in deutlich niedrigeren Frequenzbereichen verwenden als konische Hörner.

5.8   Aufgaben

Aufgabe 1
Bestimmen Sie für den harmonischen Oszillator die freien Schwingungen $u(t) = e^{i\omega t}$, ungedämpft oder gedämpft, und erläutern Sie, warum man bei $0 < Q < 1/2$, $Q = 1/2$ oder $Q > 1/2$ vom überkritisch, kritisch bzw. unterkritisch gedämpften Fall spricht (Q der Gütefaktor).

Aufgabe 2: Gekoppelte harmonische Oszillatoren
Wir betrachten zwei harmonische Oszillatoren mit identischer Masse $M > 0$, identischer Federkonstante $K > 0$ und dämpfungsfrei ($R = 0$). Sie seien durch eine Feder mit Federkonstante $L > 0$ so verbunden sind, dass in Ruhe keine Kraft wirksam ist. Für ihre Auslenkungen $u(t)$ und $U(t)$, $t \geq 0$, aus ihrer jeweiligen Ruhelagen gelten dann die Bewegungsgleichungen

$$Mu'' + Ku + L(u - U) = 0, \quad MU'' + KU + L(U - u) = 0.$$

i)   Stellen Sie Gleichungen für $x = u + U$ und $y = u - U$ auf und lösen Sie sie. Welche Resonanzkreisfrequenzen $\omega_0 < \omega_1$ ergeben sich? Welche Bewegungen sind also für das Gesamtsystem (u, U) möglich?

ii) Bestimmen Sie u und U in dem speziellen Fall $u(0) = 2$ und $u'(0) = U(0) = U'(0) = 0$. Zeigen Sie für den Fall $L \ll K$, dass u und U ein Verhalten wie bei Schwebungen aufweisen, die zudem um $90°$ versetzt sind.

Aufgabe 3: Fortsetzung
Behandeln Sie nun den Fall, dass einer der harmonischen Oszillatoren von außen einer periodischen Kraft ausgesetzt ist:

$$Mu'' + Ku + L(u - U) = p, \quad MU'' + KU + L(U - u) = 0$$

mit $p(t) = Pe^{i\omega t}$. Welche harmonischen Bewegungen ergeben sich für $x = u + U$ und $y = u - U$, und also für u und U? Welches sind die Resonanzfrequenzen? Bei welcher Frequenz hat man $u(t) = 0$ für alle $t \geq 0$?

Aufgabe 4
Bestimmen Sie aus (5.4) die Auslenkung $u(t, x)$ einer schwingenden Saite.

Aufgabe 5
Beweisen Sie für $u \to \pi$ die Näherung

$$\cot u - \frac{1}{u - \pi} \to 0.$$

Aufgabe 6

Zeigen Sie für die Besselfunktion

$$J_1(z) = \frac{1}{\pi} \int_0^\pi \sin(z \sin x) \sin x \, dx = \frac{z}{\pi} \int_0^\pi \cos(z \sin x) \cos^2 x \, dx$$

und folgern Sie $J_1(z) < z/2$ für $z > 0$.

Aufgabe 7

Zeigen Sie für die Struvefunktion

$$H_1(z) = \frac{2}{\pi} - \frac{1}{\pi} \int_0^\pi \cos(z \sin x) \sin x \, dx = \frac{z}{\pi} \int_0^\pi \sin(z \sin x) \cos^2 x \, dx,$$

und folgern Sie $H(0) = 0$ und $H(z) > 0$ für alle $z > 0$.

Aufgabe 8

Zeigen Sie für $n > 1$

$$\int_0^\pi \sin^n x \, dx = \frac{n-1}{n} \int_0^\pi \sin^{n-2} x \, dx.$$

Bestimmen Sie damit das Integral für natürliche Zahlen n.
Hinweis: Ersetzen Sie erst $\sin^2 x$ durch $1 - \cos^2 x$. Unterscheiden Sie zwischen geradem und ungeradem $n \in \mathbb{N}$.

Aufgabe 9

Zeigen Sie die Äquivalenz der Gl. (5.18) und (5.19).

Aufgabe 10

Sei $f : [0, \infty) \to \mathbb{R}$ eine Lösung Differentialgleichung

$$f'' + f + gf = 0$$

vom Typ Sturm-Liouville, mit einer Funktion $g : [0, \infty) \to \mathbb{R}$, die die Bedingung $\int_0^\infty |g(x)| \, dx < \infty$ erfüllt. Wir wollen beweisen, dass f für $x \to \infty$ die asymptotische Formel

$$f(x) = A \sin(x + \varphi) + o(1)$$

mit geeigneten Konstanten $A \neq 0$ und $\varphi \in \mathbb{R}$ erfüllt.
Zum Beweis stellen wir das Paar (f', f) in Polarkoordinaten dar,

$$f(x) = A(x) \sin(x + \varphi(x)) \,, \quad f'(x) = A(x) \cos(x + \varphi(x))$$

mit differenzierbaren Funktionen $A(x), \varphi(x), x \geq 0$. Zeigen Sie:

(i) Indem man f' und f'' auf zweierlei Weise darstellt, ergibt sich

$$-\frac{A(x)\varphi'(x)}{A'(x)} = \tan(x + \varphi(x)) = \frac{A'(x)}{A(x)(\varphi'(x) - g(x))}.$$

(ii) Folgern Sie

$$\varphi'(x) = g(x)\sin^2(x + \varphi(x))$$
$$(\log A)'(x) = -g(x)\sin(x + \varphi(x))\cos(x + \varphi(x)).$$

Beweisen Sie damit die Behauptung.

Aufgabe 11: Wronski-Determinante

Beweisen Sie für zwei Lösungen ψ_1 und ψ_2 von (5.20) die Gleichung:

$$\psi_1\psi_2' - \psi_2\psi_1' = cS^{-1}$$

mit einer Konstanten c. Folgern Sie, dass die Determinante der $ABCD$-Matrix aus (5.23) den Wert $S(\ell)/S(0)$ hat.

Hinweis: Man kann zunächst zeigen, dass der Ausdruck

$$(\sqrt{S}\psi_1)(\sqrt{S}\psi_2)' - (\sqrt{S}\psi_2)(\sqrt{S}\psi_1)'$$

konstant ist.

Aufgabe 12: Resistanz bei Hörnern

Die Ausgangsimpedanz Z_{out} eines Horns hat genau dann einen positiven Realteil, wenn dies für die Eingangsimpedanz Z_{in} gilt. Beweis?

Hinweis: Gehen Sie zunächst in Gl. (5.24) zum Imaginärteil über und beachten Sie Aufgabe 11.

Aufgabe 13: Reziprozität

Seien p_0, p_ℓ und v_0, v_ℓ die Schalldrücke und Schallschnellen an den beiden Enden eines Horns, sowie $U_0 = v_0 S(0)$ und $U_\ell = -v_\ell S(\ell)$ die Schallflüsse ins Horn hinein. Stellen Sie ein Gleichungssystem

$$\begin{pmatrix} p_0 \\ p_\ell \end{pmatrix} = \begin{pmatrix} Z_{11} & Z_{12} \\ Z_{21} & Z_{22} \end{pmatrix} \begin{pmatrix} U_0 \\ U_\ell \end{pmatrix}$$

auf und beweisen Sie für die „Impedanzkoeffizienten" Z_{jk} die „Helmholtz'sche Reziprozität"

$$Z_{12} = Z_{21}.$$

Hinweis: Gehen Sie von der Gl. (5.23) aus und beachten Sie Aufgabe 11.

Literatur

D. Austin, No static at all: Frequency modulation and music synthesis, feature column der AMS (2009)

A.H. Benade, *Fundamentals of Musical Acoustics* (Oxford University Press, New York, 1976)

D. Benson, *Music: A Mathematical Offering* (Cambridge University Press, Cambridge, 2006)

D.T. Blackstock, *Fundamentals of Physical Acoustics* (John Wiley, New York, 2000)

N. Bleistein, *Mathematical Methods for Wave Phenomena* (Academic Press, Orlando, 1984)

R.S. Christian, R.E. Davis, A. Tubis, C.A. Anderson, R.I. Mills, T.R. Rossing, Effects of air loading on timpani membrane vibrations. J. Acoust. Soc. Am. **76**(5), 1336–1345 (1984)

R. Courant, D. Hilbert, *Methoden der Mathematischen Physik I* (Springer, Heidelberg, 1924)

N.H. Fletcher, T.D. Rossing, *The Physics of Musical Instruments*, 2. Aufl. (Springer, New York, 1998)

N.J. Giordano, *Physics of the Piano* (Oxford University Press, Oxford, 2010)

E.J. Heller, *Why you hear what you hear* (Princeton, Princeton University Press, 2013)

H. v. Helmholtz, Die Lehre von den Tonempfindungen (Vieweg Braunschweig, 1863)

H. Levine, J. Schwinger, On the radiation of sound from an unflanged circular pipe. Phys. Rev. **73**, 383–406 (1948)

J. Lighthill, *Waves in Fluids* (Cambridge University Press, Cambridge, 1973)

G. Mazzola, *Geometrie der Töne: Elemente der Mathematischen Musiktheorie* (Birkhäuser, Basel, 1990)

Die Physik der Musikinstrumente. Ed. K. Winkler (Spektrum der Wissenschaft, Heidelberg, 1998)

L. Rayleigh, *The Theory of Sound*, Bd. 2, 2. Aufl. (Macmillan, London, 1896)

J.C. Schelleng, The violin as a circuit. J. Acoust. Soc. Am. **35**(3), 326–338 (1963)

E. Skudrzyk, *Die Grundlagen der Akustik* (Springer, Wien, 1954)

G.W. Stewart, R.B. Lindsay, *Acoustics* (Chapman and Hall, London, 1931)

G. Weinreich, Coupled piano strings. J. Acoust. Soc. Am. **62**, 1474–1484 (1977)

G. Weinreich, in Violin radiativity: Concepts and measurements. Proc. SMAC 83. Royal Swedish Academy of Music, Stockholm, 99–109 (1985)

G. Weinreich, What science knows about violins – and what it does not know. Am. J. Physics **61**, 1067–1077 (1993)

G. Weinreich, Gekoppelte Schwingungen von Klaviersaiten, in [18], 110–117 (1998)

G. Kersting, *Die Mathematik hinter Klang und Musik*, Mathematik Kompakt,
https://doi.org/10.1007/978-3-031-31640-1

Stichwortverzeichnis

A
ABCD-Matrix, 155
Akkordeon, 79
Anfangsbedingung, 44
Autokorrelationsfunktion, 90

B
Besselfunktion, 80, 109, 110
Besselsche Differentialgleichung, 108
Besselsche Ungleichung, 65
Bruch
    Kettenbruch, 19
    Näherungsbruch, 19

C
Cello, 79, 134, 135
Cent, 4
Chor, 8, 78
Choruseffekt, 78

D
Diskriminante, 144
Dispersion, 103, 154

E
Eingangsimpedanz
    des harmonischen Oszillators, 127
    des Horns, 153, 156

Endkorrektur für offene Röhrenenden, 150
Eulergleichung, 37
Eulers Tonnetz, 11

F
Fernfeld, 54, 125
Flöte, 43, 76
Fourier
    Koeffizient, 64
    Polynom, 64
    Reihe, 66
    Transformation, 88
Frequenz, 3
Frequenzverhältnis, 3
Fresnelsches Integral, 112

G
Geige, 43, 73, 79, 129, 134, 135
Gibbs'sches Phänomen, 86
Gitter, 12
Gitterbasis, 12
Grenzfrequenz, 154
Grundton, 61

H
Helmholtz-Resonator, 128
Helmholtzschwingung, 47, 76
Horn, 151
    duales, 152

endliches, 155
Exponentialhorn, 154
konisches, 155
Resistanz vom, 160
Reziprozität, 160

I
Impedanz, 123
    am offenen Röhrenende, 149
    der Kolbenmembran, 146
    Eingangsimpedanz, 124
    Feldimpedanz, 124

J
Jacobi-Anger-Entwicklung, 80
John-Chowning-Synthesizer, 81

K
Kern
    Dirichlet-, 84
    Fejér-, 67
Kettenbruch, 19
    Algorithmus, 21
    Entwicklung, 23
Klangspektrum, 62
Klarinette, 44, 77
Klavier, 18, 43, 104, 138
Klotoide, 121
Komma, 6
    enharmonisches, 24
    Holders, 8
    Kleisma, 15
    pythagoreisches, 6
    Schisma, 6
    syntonisches, 6, 7, 10
Kommafalle, 8
Komplementärintervall, 2
Kontinuitätsgleichung, 37

L
Lanczos-Korrektur, 92
Laplace-Operator, 105
    in Polarkoordinaten, 105
Lösung, schwache, 45, 51, 56, 60
Lösungsformel von d'Alembert, 59
Luftsäule, schwingende, 35, 148

M
Membran, 106
Mode, 97
    der schwingenden Saite, 72
    einer Membran, 114
Modulation
    Amplitudenmodulation, 78
    Carsons Regel, 82
    Frequenzmodulation, 79

N
Näherungsbruch, 19
Nahfeld, 54, 125

O
Oberton, 61
Oboe, 44, 76
Orgel, 78, 90
Oszillator, harmonischer, 126, 134

P
Parsevalsche Gleichung, 67
Pauke, 117
Poissonsche Summationsformel, 92

Q
Quintenzirkel, 2, 16

R
Randbedingung, 96, 100
    Dirichlet-Ramdbedingung, 39
    Neumann-Ramdbedingung, 39
Rayleigh-Integral, 146
Reaktanz, 125
Residualton, 61, 118
Resistanz, 125
Resonanz, 126
    des harmonischen Oszillators, 127
    Holzresonanz, 129
    Luftresonanz, 129

S
Sägezahnfunktion, 69
Saite, schwingende, 33, 131

biegesteife, 98
    freie, 133
    gekoppelte, 136
    gestrichene, 47, 49, 75
    gezupfte, 45, 49, 74
Satz
    Vollständigkeitssatz, 66
    von d'Alembert, 30, 57
    von Dirichlet, 84
    von Hurwitz, 142
    von Lagrange, 22
    von Nyquist-Shannon, 93
    von Pick, 13, 24
    von Plancherel, 88
Schalldruck, 36
Schallschnelle, 36
Schwebung, 78, 90, 103, 104, 134, 158
Schwingung, harmonische, 32
    Amplitude, 32
    Frequenz, 32
    Kreisfrequenz, 32
    Nullphase, 32
Separationsansatz, 95
Stimmung
    Cordier-Stimmung, 104
    Euler-Stimmung, 9
    gleichstufige, 17
    mitteltönige, 16
    pythagoreische, 9
    reine, 7
    Stopper-Stimmung, 104
    Werckmeister III, 17
    wohltemperierte, 17
Strähles Näherung, 25

T
Teilton, 61
Ton
    Grundton, 61
    Oberton, 61

    Residualton, 61
    Teilton, 61
Tonintervall, 1
    komplementäres, 2
Tonleiter, 14
    12-tönige, 14, 21
    53-tönige, 8, 10, 15, 21
    chromatische, 1
    diatonische, 1, 7–10, 17
    gleichstufige, 4
    pythagoreische, 11
Transfermatrix, 155
Tritonus, 2, 5, 9
Trompete, 61

U
Umkehrformel, 88
Unschärferelation, 89, 93

V
Verfahren der stationären Phase, 110
Vibrato, 79

W
Webstergleichung, 152
Welle, 32
    harmonische, 32
    Kugelwelle, 52, 125
    linkslaufende, 30
    Planwelle, 50
    rechtslaufende, 30
    reflektierte, 40
    stehende, 33, 95
    Wellenzahl, 32
Wellengleichung, 30
    in Dimension 2, 105
Wolfsquinte, 9, 16, 17
Wolfton, 134, 136
Wronski-Determinante, 156, 160

Printed in the United States
by Baker & Taylor Publisher Services